AF269808

La Física de DIOS

4ª edición: febrero 2025

Título original: The Physics of God
Traducido del inglés por Roc Filella Escolá
Diseño de portada: Editorial Sirio, S.A.
Diseño y maquetación de interior: Toñi F. Castellón

©   de la edición original
    2017 de Joseph Selbie

    Edición original en inglés publicada por New Page Books,
    un sello editorial de Red Wheel/Weiser, LLC,
    65 Parker Street, Newburyport, MA U.S.A.

©   de la presente edición
    EDITORIAL SIRIO, S.A.
    C/ Rosa de los Vientos, 64
    Pol. Ind. El Viso
    29006-Málaga
    España

www.editorialsirio.com
sirio@editorialsirio.com

I.S.B.N.: 978-84-17399-57-3
Depósito Legal: MA-780-2019

Impreso en Imagraf Impresores, S. A.
c/ Nabucco, 14 D - Pol. Alameda
29006 - Málaga

Impreso en España

Puedes seguirnos en Facebook, X, YouTube e Instagram.

Joseph Selbie

Prólogo de
Amit Goswami

La Física de
DIOS

La conexión entre la física cuántica, la conciencia,
la Teoría M, el cielo, la neurociencia
y la trascendencia

Este libro está dedicado a todos los científicos que han explorado con valentía las fronteras no oficiales del materialismo científico, y a los santos, los místicos y las personas que han vivido experiencias cercanas a la muerte y han compartido sus contactos con realidades trascendentes que están más allá de lo material.

AGRADECIMIENTOS

Quiero dar las gracias a los muchos amigos y personas amables que me han animado diciendo: «Tengo muchas ganas de leerlo». Me han ayudado a repasar y reescribir por completo todo un capítulo por cuarta vez. Gracias en especial a Amit Goswami por ayudarme generosamente a «unirme al club». Gracias de corazón a los dos editores: Prakash van Cleave, que, con sus correcciones, siempre me enseña pacientemente el arte de la claridad, y Sharon Dorr, antigua editora de Quest Books, cuyas oportunas preguntas dieron aún mayor claridad al libro. Tuve conversaciones mentales con M. C., Y. S., A. S. y C. S. —no lo sabíais, pero me ayudasteis mucho— para comprobar si pensabais que mis argumentos eran convincentes (por lo que sé, así lo considerasteis). Y por último, quiero dar las gracias con todo cariño a mi esposa, Lakshami, mi primera lectora y crítica perspicaz. Siempre esperaba con ansia que me dijera: «Acabo de leer el capítulo...». Sabía que la conversación posterior iba a ser muy animada.

ÍNDICE

PREFACIO

La física de Dios, de Joseph Selbie, es una aportación exquisita y muy de agradecer a la creciente literatura sobre la evidencia científica de la existencia de Dios. ¿Por qué son importantes estos estudios? Para empezar, contrarrestan el sesgo falsamente intuitivo que ha dominado el pensamiento científico durante cientos de años.

En el siglo XVII, Isaac Newton dio nacimiento a una ciencia matemática que casi eliminó la idea de la intervención de Dios en el mundo material de la física y la química. Ese mismo siglo, otro científico, René Descartes, sentó las bases del uso primordial de la razón para el desarrollo de las ciencias naturales. Desde entonces (y, en realidad, siguiendo la idea imperante del cristianismo) los científicos occidentales en general han sostenido la idea de que los animales son máquinas. Esta actitud intelectual se sigue teniendo por verdadera aún hoy —es decir, casi—.

En el siglo XIX, la teoría de la evolución biológica de Charles Darwin señalaba que los seres vivos tienen un componente hereditario (que hoy reconocemos como genes) que experimenta unos cambios a los que se llama *mutaciones*. A través del proceso de la selección natural se distinguen, entre estas variaciones, aquellas que ayudan a la especie a adaptarse al entorno siempre cambiante, un proceso que, con el tiempo, conduce a la especiación. La ciencia occidental mantenía que los animales son máquinas, y Darwin aseguraba que descendemos de los monos, así que ¿no se deduce de ello que los seres humanos también somos máquinas?

Cuando más tarde se descubrieron experimentalmente los genes e incluso se averiguó la estructura de la molécula de ADN de la que los genes forman parte, prosperó la idea de que la biología no es sino una prolongación de la química. Los biólogos y con ellos muchos otros científicos dieron por supuesto que antes o después la ciencia de la biología dilucidará todo lo relativo a la vida, dejando a Dios sin nada que hacer. Parecía que la intervención divina quedaba descartada, incluso en lo referente a la vida.

En el siglo XX, unos pocos científicos (por ejemplo, Albert Einstein) concebían a un Dios benigno en lo que se denomina la filosofía del «deísmo». Pero la idea de que Dios está muerto prendió en la cultura científica dominante, que pronto promulgó una nueva base filosófica para la ciencia: el materialismo científico. Según este, todo fenómeno es un fenómeno natural en el espacio y el tiempo causado por la interacción material. No existe más que la materia.

Esta filosofía es claramente un dogma. Selbie, en mi opinión acertadamente, la llama religión, la cual ha engendrado una idea polarizada de la humanidad, dividida entre Dios y la ciencia materialista, en todo el mundo y con consecuencias especialmente funestas en Estados Unidos. Selbie aborda esta polarización con habilidad y sin rodeos, y demuestra que ciencia y religión son, lejos de incompatibles, mutua y profundamente coherentes.

Durante gran parte del siglo xx, los materialistas científicos creyeron firmemente que se crearía vida a partir de materia no viva en el laboratorio, enterrando así definitivamente la pregunta de si Dios era o no necesario. Lamentablemente, a pesar de los muchos éxitos espectaculares de la biología, las preguntas de qué es la vida y si se la puede crear a partir de algo no vivo siguen sin respuesta. Al mismo tiempo, la propia teoría de Darwin quedaba en entredicho ante revelaciones que apuntan a que realmente no explicaba los detalles de los nuevos datos fósiles de los que se disponía.

Hay otros datos interesantes que cuestionan el materialismo científico. En este, toda comunicación es local, a través de señales. Pero como este autor y muchos otros hemos explicado, hay muchas pruebas de la existencia de una comunicación sin señales, es decir, no local, entre los dominios micro y macro de la materia. Entre estas comunicaciones sin señales están la de la visión a distancia y la de las experiencias cercanas a la muerte. La segunda es particularmente espectacular. La evidencia demuestra que cuando el cerebro muere, sigue habiendo conciencia. De modo que la conciencia ha de producirse antes incluso de que el cerebro exista.

Algunas de las pruebas más convincentes contra el materialismo científico proceden de la física cuántica, el último paradigma de la física que ha reemplazado a los postulados de Newton. En la física cuántica, los objetos son ondas de probabilidad que residen en un ámbito de realidad llamado *el ámbito de la potencialidad*, donde la comunicación es instantánea, sin señales y no local. Este ámbito ha de estar fuera de los del espacio y el tiempo, donde impera la localidad. La ciencia oficial se refiere a los fenómenos no locales como *paranormales*, un adjetivo que, a la luz de la física cuántica, es fruto evidente del prejuicio.

Así pues, si la filosofía del materialismo científico está equivocada, ¿podemos concluir que Dios existe? ¿Significa que Dios es científicamente verificable? ¿Que realmente existe una física de Dios? Selbie así lo argumenta de forma concisa y convincente. Parte del testimonio trascendente de místicos de todo el mundo y de los descubrimientos de la teoría de cuerdas, la versión de David Bohm de la física cuántica, la biología cuántica, la neurociencia y la propia física cuántica para demostrar que la física de Dios es posible.

Como físico cuántico, creo que la física cuántica certifica por sí sola la existencia de Dios, pero es solo una opinión personal. El caso es que cualquiera que reflexione seriamente puede observar los datos y las ideas existentes del pensamiento posmaterialista y descubrir que Dios ha regresado a la ciencia. A partir de la obra de prestigiosos científicos y eminentes místicos, Selbie construye una argumentación exquisitamente convincente que lleva a esta conclusión.

Lo más importante es que con la reincorporación de Dios, esta vez con el respaldo de la ciencia, podemos pasar a fundar una ciencia humana en la que todas nuestras experiencias sean legítimas y científicas, incluidas las espirituales. Otros y yo mismo estamos trabajando en ello, y me alegra que Selbie se haya sumado a ese esfuerzo. La lectura de este libro te ayudará a comprender también esta nueva perspectiva. No necesitas más cualificación que la de verte como algo más que las máquinas sin alma que muchos científicos materialistas ven. El resto, como dice Selbie, es el principio de la mayor aventura de la vida.

Amit Goswami,
físico cuántico

INTRODUCCIÓN

El amor por la ciencia se despertó en mí muy pronto y me ha acompañado toda la vida. Mi árbol genealógico está repleto de doctores e ingenieros. Mi padre estudió en las universidades de Princeton, Harvard y el Instituto Tecnológico de Massachusetts (MIT). Mi hermano se graduó en el Georgia Tech. En casa, las charlas en la mesa tenían que estar salpimentadas de referencias y bibliografía. En los exámenes de acceso a la universidad obtuve un percentil 99 en ciencias y matemáticas. Ingresé en la Universidad de Colorado con la esperanza fundada de obtener un título en ciencias, y pasé la mayor parte de los dos primeros cursos estudiando física, matemáticas, microbiología y química.

Después ocurrió algo que cambió para siempre el curso de mi vida: tuve una experiencia trascendente.

Como muchas otras personas de mi generación, probé las drogas psicodélicas. En un «viaje» que me cambió la vida, tuve una experiencia que me sedujo completamente. Alcancé, para mi deleite, un estado de plena intuición, tranquilidad serena y una suma calidez de corazón. De repente, la conciencia se expandió hasta abarcarlo todo, desde el aliento de vida de una planta hasta los sentimientos ocultos de mis compañeros. Me sentía algo más que un cuerpo. En el núcleo de mi experiencia se extendían sentimientos de paz, alegría y bienestar sin límites, unos sentimientos que parecían completamente naturales, como si la persona que siempre había sido acabara de despertar. Nunca me había sentido más alegre, más vivo ni más en paz en toda mi vida.

Era una realidad que trascendía de lo maravilloso.

La experiencia permaneció en mí varios días, mucho después de que en mi organismo pudiera quedar algún rastro de la droga. Entonces me di cuenta de que la droga solo pudo haber *desencadenado* la experiencia y de que la fuente de esta tenía que ser parte integral de quien soy. La conciencia de que mi experiencia no era una simple alucinación pasajera me lanzó a la búsqueda de cómo vivir continuamente en aquel fascinante estado trascendente.

No sabía de nada de la ciencia que, en esa época, pudiera explicar lo que había vivido. Cambié por completo de carrera; dejé la microbiología para estudiar filosofía. Me sumergí en la metafísica occidental. Estudié a fondo a Platón, Aristóteles, Hume, Kierkegaard, Kant, Nietzsche, Sartre y muchos teólogos cristianos, entre ellos san Agustín y santo Tomás de Aquino. En esos varios años de inmersión en la filosofía occidental hallé cierta inspiración, pero nada de lo que esperaba encontrar. La filosofía occidental tiende a ser fríamente intelectual. No descubrí prácticamente nada que me ayudara a salvar la brecha entre las ideas sesudas de estos filósofos y mi sentida experiencia trascendente.

Insatisfecho, me trasladé a la Universidad de California en Berkeley, donde estudié, con profundo interés, las filosofías del budismo, el jainismo, el taoísmo y el hinduismo. Todas ellas empezaron a salvar la distancia entre el conocimiento teórico y mi experiencia trascendente porque, a diferencia de la mayoría de los filósofos occidentales, que partían de la razón y la lógica para llegar a una comprensión *intelectual* de la conciencia y la materia, los sabios orientales se basaban en experiencias trascendentes metódicas y repetidas para alcanzar una comprensión *experiencial* de la conciencia y la materia.

La diferencia entre los sistemas occidental y oriental es como la que existe entre hablar de una comida y tomarla, y pronto descubrí que el secreto de ese comer es la meditación. Esta me sedujo por la misma razón que me sedujo la ciencia: era precisa, racional y, lo más importante, ofrecía resultados verificables. No exigía creer. La meditación es el instrumento objetivo del descubrimiento por el que he llegado a comprender la *ciencia de la religión*. En la meditación, por fin, había descubierto un medio práctico y efectivo para alcanzar la conciencia y el gozo trascendentes con los que casualmente me encontré a través de las drogas psicodélicas.

Para mi alegría, también descubrí que abrazar la ciencia de la religión no significaba que debía abandonar la ciencia de la materia. No me obligaba a dejar de lado lo racional y lo práctico. No implicaba que tuviera que negar los descubrimientos de la ciencia. Descubrí que las leyes que rigen en el mundo físico están interconectadas de forma inextricable con las que rigen en el mundo sutil al que la meditación da acceso. Me di cuenta de que no existe ningún conflicto entre la ciencia y la religión: quienes usan la ciencia de la religión para explorar la realidad no hacen sino utilizar otro método para descubrir las mismas verdades que la ciencia desvela.

Permítaseme que exponga un ejemplo singular:

Annie Besant y Charles Leadbeater fueron miembros eminentes de la Sociedad Teosófica desde 1895 hasta 1933. En esos años llevaron a cabo investigaciones, mediante la meditación profunda, sobre la naturaleza de los átomos. Observaron sistemáticamente muchos tipos diferentes de átomos, desde los constitutivos de gases hasta los constitutivos de metales. Describieron y dibujaron cientos de diagramas de sus observaciones en una serie de diarios. (Es fácil imaginar cómo recibiría la investigación psíquica de los átomos la comunidad de la física de partículas de los años veinte).

Varios años después del fallecimiento de Besant y Leadbeater, el físico Steven M. Phillips estudió sus diarios. Le sorprendió un detalle recurrente que aparecía en muchos diagramas: habían dibujado tres zonas oscuras en cada protón y neutrón del núcleo del átomo. Hoy, los científicos piensan que todos los protones y neutrones están compuestos de tres quarks, algo que la ciencia desconocía en la época en que vivieron Besant y Leadbeater. De ese dibujo repetido, y de otros detalles de sus diarios, Phillips concluyó que Besant y Leadbeater habían descrito exactamente el número y la naturaleza de los quarks muchos años antes de que los físicos modernos los descubrieran. Publicó sus descubrimientos en 1980, en su libro *Extra-Sensory Perception of Quarks*.[1]

La capacidad de Besant y Leadbeater de percibir el número exacto de quarks en los protones y neutrones subraya una premisa fundamental de este libro: existe, y no puede sino existir, *una* realidad. Los entendidos en la ciencia de la religión y los versados en la ciencia de la materia no hacen sino usar métodos diferentes para estudiar la misma realidad. Los científicos materialistas descubren la propiedad de esta mediante la experimentación rigurosamente controlada y la llaman *realidad*. Los científicos religiosos descubren sus propiedades mediante la experiencia rigurosamente controlada y la llaman *Realidad*.

Sin embargo, no es inmediatamente obvio cómo *unificar* los descubrimientos de la ciencia y la religión; de ahí la necesidad de libros como este. Los dos sistemas —la ciencia materialista y la ciencia religiosa— usan lenguajes muy distintos. A primera vista, parece que ambos, con sus palabras y números, parábolas y leyes, alegorías y teorías, describen dos realidades completamente diferentes. Los prejuicios populares agudizan esta dificultad: muchas personas que se dedican a la ciencia y muchas que lo hacen a la religión niegan fogosamente que *su* realidad pueda tener *algo* que ver con la otra; así como a los aristócratas victorianos ingleses les horrorizaba la idea de mezclarse con los ignorantes extranjeros, científicos y religiosos consideran que la división entre sus respectivos campos es profunda y absoluta.

Pero si observamos detenidamente, si dejamos de lado el omnipresente sesgo materialista de la ciencia y levantamos la niebla oscurantista del sectarismo religioso, podemos encontrar una sorprendente unidad entre la ciencia y la religión. En esta unidad vemos que las explicaciones que los santos y sabios iluminados dan de los fenómenos trascendentes —los milagros, la vida posterior a la muerte, el cielo, Dios y nuestra capacidad de alcanzar la conciencia personal trascendente— se corresponden con las explicaciones de los fenómenos materiales que dan los científicos en los campos de la relatividad, la física cuántica, la medicina, la teoría de cuerdas, la neurociencia y la biología cuántica.

En mis muchos años de estudio, he llegado a apreciar que los descubrimientos de la ciencia de la religión y los de la ciencia de la materia se suman para ofrecernos la visión más completa de la realidad: lo que yo entiendo como la física de Dios.

Capítulo 1

LA RELIGIÓN DE LA CIENCIA

Defender la unidad subyacente de la ciencia y la religión no tendría sentido si fuera cierto que la ciencia ya ha demostrado la inconsistencia de la base de las creencias en que se asienta la religión. Lamentablemente, muchas personas, no solo científicos, creen que esto es así. Hay entre los científicos voces potentes que proclaman fervientemente que la ciencia, en efecto, *ha demostrado* que todas las creencias religiosas carecen de fundamento, que la religión no hace sino mantener vivas supersticiones infundadas y otras simplezas.

A primera vista, sus argumentos son irrebatibles. Invocan el método científico. Nos dicen que ninguna de las afirmaciones de la religión ha sido demostrada en el laboratorio. Aseguran que sus tesis se basan firmemente en los descubrimientos factuales científicos. Hablan plenamente convencidos.

No es de sorprender, ni seguramente ofenderá, que mantenga que quienes defienden ideas tan absolutas no son más que fieles creyentes de su propia religión: el *materialismo científico*.

El materialismo científico se basa en la idea de que todo lo que existe y vaya a existir surge de las interacciones entre la materia y la energía, *y absolutamente nada más*. A pesar de la existencia de importantes misterios científicos perdurables, como los del origen de la vida y la naturaleza de la conciencia, los materialistas científicos creen que *solo es cuestión de tiempo* que los fenómenos que quedan por dilucidar sean explicados a partir de las interacciones existentes entre la materia y la energía, y solo a partir de ahí.

Tal idea es un dogma *de fe* para quienes aceptan el materialismo científico. Es su *credo*. Ante el éxito incuestionable de la ciencia en los últimos tres siglos, la única hipótesis del materialismo científico centrada en la materia y la energía convence en sumo grado a muchas personas. Los medios de la ciencia para el estudio de la realidad —el método científico— son el oráculo de nuestro tiempo. Con este método se han descubierto multitud de leyes que rigen en el funcionamiento del mundo físico. No es exagerado afirmar que la aplicación de estas leyes en los últimos doscientos años ha *transformado* la civilización.

Para desgracia de otras religiones, la del materialismo científico está en auge y tiene gran influencia. No solo muchos científicos sino también un porcentaje muy elevado de personas a lo largo y ancho del mundo son miembros inconscientes de la iglesia del materialismo científico, porque han abrazado su credo: todo lo que existe, o que vaya a existir, es el resultado de las interacciones entre la materia y la energía, y nada más.

Pero no nos equivoquemos: la idea de que todo lo que existe y vaya a existir deriva únicamente de las interacciones entre la materia y la energía es una creencia, no un hecho demostrado. A pesar de la eficacia del método científico, la ciencia, contrariamente a lo que muchos científicos materialistas nos han inducido a pensar, no lo ha aplicado a todas las posibilidades de realidades no materiales ni ha demostrado que sean falsas. Lo que ocurre es que la ciencia como cuerpo oficial está tan convencida de la verdad del materialismo científico que sencillamente no estudia posibilidades alternativas.

La tendenciosidad hacia explicaciones materialistas de todos los fenómenos es tan fuerte que casi elimina la posibilidad de financiar cualquier estudio científico que pretenda explorar realidades distintas de las materiales. Una parte influyente de científicos descartan o, peor aún, desdeñan, incluso la *sugerencia* de que la explicación de los fenómenos que están sin explicar pueda no ser material. *Aceptar* esta sugerencia no es, por decirlo suavemente, el camino hacia el éxito en la profesión científica.

Hace poco leí un artículo de Sebastian Anthony en la revista *online ExtremeTech*. (Lo escogí prácticamente al azar entre otros muchos artículos similares con los que podría defender la misma idea). El autor cita un reciente artículo científico publicado por Max Tegmark, del MIT.[1] En él, Tegmark señala la posibilidad de que la conciencia sea un estado cuántico de la materia. Lo que me pareció más interesante del artículo no fue la explicación de esa idea de la conciencia como estado cuántico sino un comentario del autor: «La conciencia ha sido siempre un tema difícil de abordar científicamente. *En la mayoría de los círculos científicos serios, la mera mención de la conciencia te puede acarrear la negación de tus credenciales y el exilio inmediato a la tierra de los charlatanes y los ocultistas*» [cursiva añadida].[2]

Otro artículo, en este caso publicado en la revista *Slate*, también me llamó la atención hace poco: «Lo de la conciencia cuántica suele ser una estupidez», de Matthew Francis. El título en sí ya es muy revelador. Y el tono condescendiente del autor lo es aún más: «Al principio suena bien: no sabemos a ciencia cierta cómo funcionan algunas cosas de la física cuántica, no sabemos exactamente cómo pasar del cerebro a la conciencia, así que tal vez la conciencia sea cuántica. ¿Cuál es el problema de esta idea? Que es falsa casi con toda seguridad».[3]

La frase que más me gusta, después de que Francis admita desinteresadamente pero con ingenio la posibilidad de que la ciencia no lo sea todo, es su rotunda afirmación: «[...] es falsa casi con toda seguridad». ¿Por qué? La respuesta no está en los hechos que la ciencia conoce hoy sino en la creencia de Francis de que el materialismo científico acabará por explicar todos los fenómenos. De esta idea nace la de que cualquier otro tipo de hipótesis no es más que una pérdida de tiempo. Al leer el artículo, se percibe la irritación del autor ante quienes intentan encontrar soluciones no materiales a fenómenos aún inexplicables: «¿Es que no lo entienden? —parece preguntar el autor—. ¿No se dan cuenta de que todo eso de lo inmaterial es una ridiculez?».

Ni siquiera rigurosos estudios científicos que experimentan con ideas no materiales como la de la conciencia —los pocos que de un modo u otro consiguen financiación— reciben la conformidad de los sumos sacerdotes de la ciencia: los científicos que intervienen en reseñas de iguales, los que aprueban o rechazan artículos propuestos a prestigiosas revistas como *Physical Review Letters, The New England Journal of Medicine* o *Proceedings of the National Academy of Sciences*. Es difícil encontrar en estas publicaciones artículos que se salgan de la visión ortodoxa del materialismo científico.

Un ejemplo es el caso de varios artículos científicos que resultaron del programa Princeton Engineering Anomalies Research (PEAR, 'estudio de Princeton sobre anomalías de ingeniería'). El programa fue creado en 1979 por Robert G. Jahn, por entonces decano de la Facultad de Ingeniería y Ciencias Aplicadas de la Universidad de Princeton. A pesar del excelente historial de la Universidad de Princeton y del profesor Jahn, y pese a la exquisita calidad del trabajo científico llevado a cabo, ninguna revista científica de prestigio aceptó jamás ningún artículo basado en las pruebas de la existencia de la telequinesia que el PEAR había aportado.[4]

El metódico trabajo científico del PEAR fue impecable. *Durante veintisiete* años, se realizaron experimentos para determinar si las personas podían influir en objetos materiales sin ningún tipo de contacto físico. Entre los sistemas experimentales, se desarrollaron varias modalidades de lo que los investigadores llamaron *generadores de sucesos aleatorios* (GSA), como surtidores de agua, caídas de bolas de acero, péndulos y sistemas electrónicos. Los GSA se desarrollaron con escrupulosidad de modo que estuvieran completamente aislados de todas las influencias exteriores conocidas, como la vibración, la presión, la temperatura y el electromagnetismo. Los investigadores no utilizaron en sus experimentos ningún GSA que no hubiera demostrado resultados que se pudieran medir con exactitud y no se hubieran mantenido consistentes y sin fisuras al dejarlos aislados.

Una vez demostrada la consistencia pétrea de un GSA, se pedía a los voluntarios que participaban en los experimentos que intentaran alterar esa sólida consistencia solo mediante el pensamiento. Por ejemplo, los voluntarios, sin tocar los aparatos ni influir de ningún modo físico en ellos, intentaban que por un caño de la fuente saliera más agua que por el otro, o que por un lado del dispositivo cayeran más bolas que por el otro.

En el contexto del PEAR se realizaron este tipo de experimentos durante casi treinta años, con cientos de voluntarios, miles de pruebas y acumulando miles de millones de datos. Los resultados de esos experimentos revelaron que *casi todos los voluntarios habían alterado la distribución básica de los GSA*. Los cambios solían ser minúsculos, pero constantes, *en un grado estadístico sumamente significativo*. Las probabilidades de que los resultados experimentales del PEAR no sean más que fruto del azar son de una entre varios *billones*. En otras palabras, no hay prácticamente ninguna probabilidad de que los resultados fueran erróneos: los voluntarios consiguieron influir solo con su mente en el comportamiento de los sistemas físicos.

Sin embargo, ninguna revista científica publicó nunca los artículos de los investigadores del PEAR. Los resultados de esos experimentos, evaluados con toda objetividad, se basaban en hechos reunidos de forma escrupulosamente científica. Pero se salían de la ortodoxia y, por ello, la ciencia no les reconoció legitimidad alguna.

Hace poco surgió la polémica cuando TED (Technology, Entertainment, Design; 'tecnología, entretenimiento, diseño'), la organización que presenta conferencias de muchos científicos y pensadores sociales de prestigio, fue presionada por un grupo de científicos para que retirara de su web las conferencias de Rupert Sheldrake y Graham Hancock. Sheldrake exponía diez áreas en las que los supuestos científicos actuales pueden ser falsos. Hancock defendía la tesis de la existencia independiente de la conciencia. Ante la insistencia del grupo asesor de científicos de TED, los organizadores eliminaron ambas conferencias de la web. Después de muchísimas protestas en favor de Sheldrake y Hancock, los responsables de TED intentaron congraciarse con ambas partes incorporando de nuevo las conferencias a un archivo recóndito y poco visitado de la web de la organización.[5]

Vi ambas presentaciones. Los argumentos de los dos conferenciantes eran sólidos y se basaban en hechos. En un mundo ideal, un mundo en el que se permita el debate libre de ideas, esas dos conferencias habrían sido bien acogidas; en cambio, fueron relegadas a los confines de Internet porque defendían ideas ajenas a la ortodoxia del materialismo científico.

No contentos con limitarse a defender pasivamente la ortodoxia científica, algunos científicos creen que la mejor defensa es el ataque. Varios de ellos han organizado personalmente campañas en que las creencias religiosas se presentan como ideas para gente de poca inteligencia, unas ideas anacrónicas y socialmente destructivas, o directamente como una manipulación fraudulenta de las personas ingenuas. Lo demuestran los títulos de los siguientes libros: *El espejismo de Dios*, de Richard Dawkins; *Dios no es bueno: alegato contra la religión*, de Christopher Hitchen; y *God: The Failed Hypothesis* [Dios: la hipótesis falsa] y *How Science Shows God Does Not Exist* [De qué manera la ciencia demuestra que Dios no existe], de Victor Stenger.

Estos hombres son los autoproclamados Grandes Inquisidores de la ciencia. Intentan desprestigiar la religión con la venganza, por temor a que los miembros de su propio rebaño crean en tal herejía en contra de la ciencia. Sus afirmaciones no tienen nada que ver con el método científico y todo que ver con la religión de la ciencia; hablan mucho más de la naturaleza humana que de la ciencia. Estas personas tienen más en común con los predicadores de televisión que con la fría objetividad científica.

La notoriedad de estos hombres oculta el hecho de que la mayoría de los científicos no son materialistas científicos. Una encuesta Pew sobre la religión realizada en 2009 revelaba que solo el 49 % de los científicos encuestados se consideraban ateos, frente a un 51 % que creían en Dios, un espíritu universal o un poder superior.[6] Esas ideas destempladas y sesgadas por el materialismo oscurecen también el hecho de que los propios descubrimientos de la ciencia, si se observan sin ánimo partidista, están lejos de demostrar que las creencias religiosas carecen de fundamento, y avalan la existencia de realidades trascendentes como la conciencia.

A principios del siglo XX, la física fue testigo de numerosos descubrimientos paradójicos que cuestionaban, y siguen cuestionando, el supuesto básico del materialismo científico. Los físicos hallaron un agujero en su interpretación de la materia, un gran agujero que pasó a ser conocido como *física cuántica* y por el que descendieron para reunirse con Alicia en el País de las Maravillas.

En los pasados años veinte, los físicos descubrieron que la luz se puede comportar como partícula o como onda. Estudios posteriores revelaron que este comportamiento no es exclusivo de la luz: también la materia se puede comportar como partícula o como onda. Y ahí está lo que hace especialmente grande al «gran agujero»: se puso claramente en evidencia que la luz o la materia solo se comportan como partículas *en presencia de un observador inteligente*.

Es probable que el lector que no esté familiarizado con la física cuántica no encuentre sentido alguno en lo que acabo de decir, como tampoco lo entendieron los físicos en los años veinte. El descubrimiento dejó a estos con la sensación de haberse incorporado a la fiesta del té del Sombrerero Loco. La mejor forma que conozco de explicar el descubrimiento es exponer una serie de experimentos muy repetidos y de resultados contraintuitivos que siempre dejan a quienes los observan con la cabeza negando con perplejidad lo que ven: el equivalente experimental a hablar con el Gato de Cheshire.

Son experimentos conocidos habitualmente como de doble rendija. Para demostrar la naturaleza parecida a una onda de la luz se pasa un único rayo de luz a través de dos rendijas colocadas una al lado de la otra en una barrera (figura 1), con lo que se

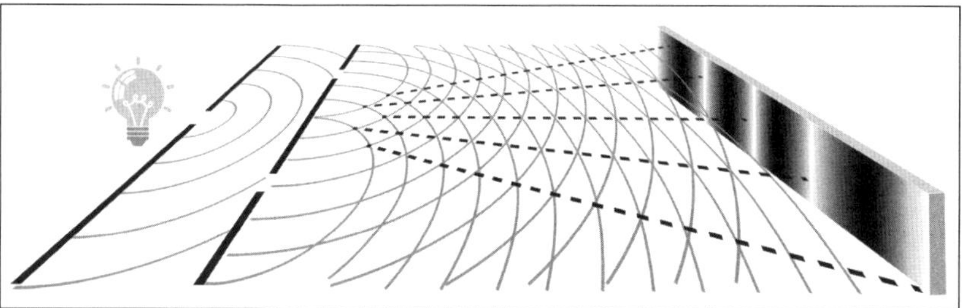

FIGURA 1. La luz muestra su naturaleza de onda al pasar por las dos rendijas y formar dos nuevos rayos de luz, que después se interfieren mutuamente del mismo modo que las olas del agua. La imagen del extremo derecho muestra el patrón característico de interferencia que se forma en el detector. Las bandas más claras aparecen en el punto donde convergen dos crestas y generan otra más alta, o donde se encuentran dos depresiones y forman otra más profunda. Las bandas más oscuras aparecen donde las crestas se encuentran con las depresiones y se eliminan entre sí parcial o completamente.

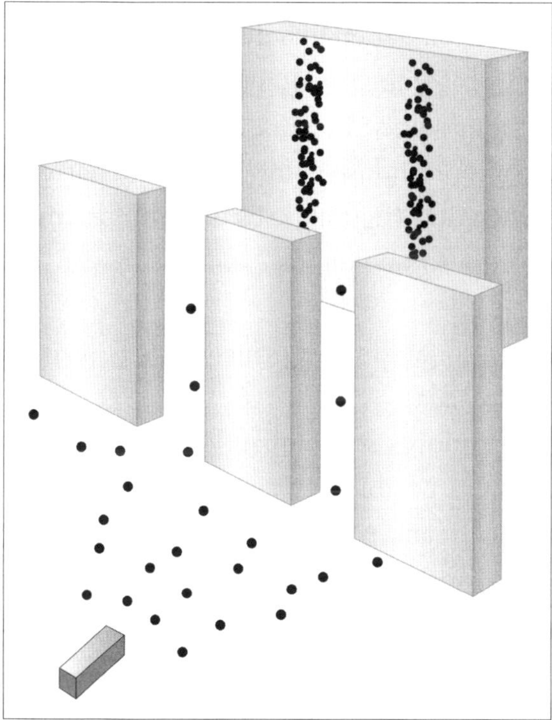

FIGURA 2. Esto es lo que los físicos esperaban ver en el detector: dos bandas de impactos de los fotones parecidos a los de las balas en una diana.

generan dos nuevos rayos de luz. A continuación, estos se dispersan e interfieren entre sí como las olas de agua de un estanque. Cuando las depresiones de las olas de agua se encuentran, forman una depresión más profunda. Cuando se encuentran las crestas, forman una cresta más alta. Pero cuando las depresiones se unen con las crestas, se anulan mutuamente en proporción con sus respectivas profundidades y alturas.

Los físicos, para entender mejor la naturaleza de la luz, diseñaron otro experimento de doble rendija. En lugar de pasar continuamente una luz a través de las dos rendijas, idearon una manera de enviar fotones de uno en uno a través de las rendijas. Los fotones son la forma de *partícula* de la luz, por lo que los investigadores esperaban ver en el detector un dibujo parecido al que dejan las balas al dar en una diana (figura 2).

Imagínate el asombro de quienes realizaban el experimento al ver que, aunque solo se liberara un fotón a la vez, cada uno de ellos seguía comportándose como si formara parte de una onda que interfería en otra (figura 3). Es un comportamiento que no parece posible, pero que en los experimentos se confirma una y otra vez.

(Empieza a sonar el tema principal de la serie televisiva *En los límites de la realidad*).[*]

Los investigadores se frotaban los ojos e intentaban comprender cómo era posible que se produjera este resultado paradójico. Al final realizaron otro experimento: colocaron junto a las rendijas un aparato de medición para detectar por cuál de ellas pasaba un determinado fotón. (El aparato no interfería de ningún modo con el paso de los fotones por las rendijas). Imaginemos ahora el asombro aún mayor de los investigadores: al añadir el dispositivo de medición al experimento, los fotones

---

[*] Dimensión desconocida en Latinoamérica.

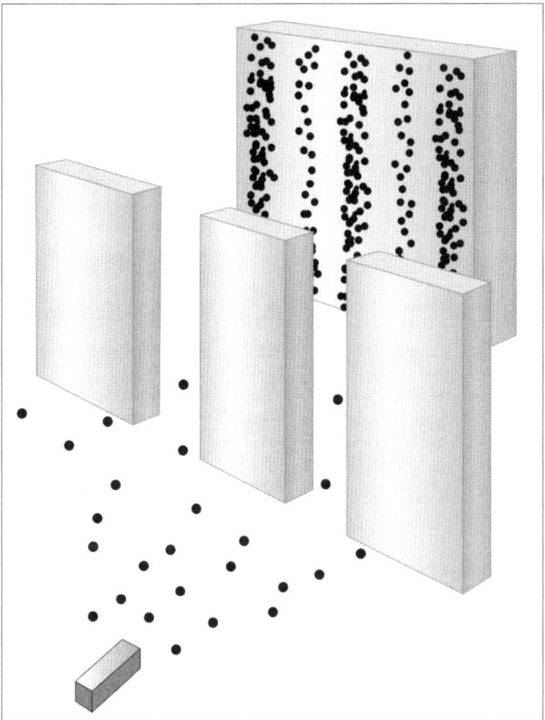

FIGURA 3. Lo que se veía en los experimentos: aunque los fotones se enviaran de uno en uno a través de las rendijas, se creaba el mismo patrón de interferencia que el de la figura 1: un poco más impreciso que el modelo de interferencia generado por una fuente de luz continua, pero inconfundiblemente el mismo patrón.

pasaban a través de las rendijas y daban en el detector como balas disparadas con un arma (figura 4).

¿Por qué? ¿Por qué los fotones se comportaban de forma distinta? No había cambiado nada. La única diferencia entre los dos experimentos era que en el segundo *un observador inteligente media* el paso de los fotones por las rendijas.

Podemos seguir negando con la cabeza... y, si nos molesta, apagar la música de *En los límites de la realidad*.

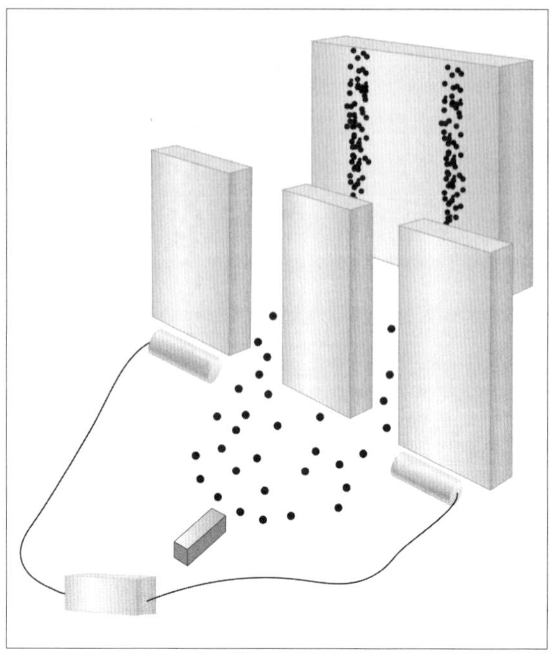

FIGURA 4. Una vez dispuesto el experimento para medir por cuál de las rendijas pasaban los fotones individuales, se vio que estos se comportaban como partículas y generaban en el detector un patrón que cabría esperar de pequeñas porciones de materia.

Posteriormente los físicos han repetido el experimento, siempre con el mismo resultado, usando átomos y moléculas, billones de veces más grandes que los fotones. Se ha seguido demostrando, miles de veces, que todo, sea energía como la luz o materia como los átomos, se comporta como las ondas hasta que un observador inteligente lo mide. La conclusión inevitable: *el observador inteligente desempeña un papel fundamental en la formación de la materia.*

No existe ningún objeto en el espacio-tiempo sin un observador consciente que lo observe.

AMIT GOSWAMI, físico cuántico[7]

Este descubrimiento abrió un gran agujero en el materialismo científico y sus ondas se extendieron por toda la comunidad científica. Niels Bohr (1885-1962), considerado el padre de la física cuántica y un científico cuya reputación va poquísimo a la zaga de la de Albert Einstein (1879-1955), fue de los primeros en concluir que los objetos físicos no tienen una realidad objetiva independiente. Afirmó categóricamente que solo aparecen cuando los observamos, una tesis que nunca ha sido refutada.

Bienvenidos al País de las Maravilllas.

Como consecuencia de estos descubrimientos, la ciencia se sumió en una crisis existencial. Si la materia no tenía una forma fija hasta que no era observada, si mientras no se la observa existe en una especie de estado insustancial, ¿en qué quedaba la ciencia? Como dijo Einstein, probablemente dando voz a muchos científicos: «Me gustaría creer que la Luna está ahí aunque no la esté mirando». Sin embargo, según los experimentos de la doble rendija, la Luna *no está* ahí si nadie la mira. El viejo enigma «si en el bosque cae un árbol y no hay nadie, ¿hace ruido?» tenía una respuesta nueva: si no hay nadie, no hay ruido, no hay árbol, no hay bosque, no hay tierra, no hay *nada*.

Las matemáticas de la probabilidad salvaron a la ciencia de su crisis existencial. A finales de los años veinte y principios de los treinta del pasado siglo, muchos físicos brillantes de todo el mundo consiguieron tender un puente matemático sobre el ancho agujero abierto por la paradoja del observador inteligente y otras «rarezas cuánticas»: un puente que les permitía, para todos los fines prácticos, salir del País de las Maravillas e ignorar el misterio del observador inteligente.

Construyeron un puente añadiendo la matemática de la probabilidad a un naciente sistema matemático conocido como *mecánica cuántica*, establecida por Max Planck (1858-1957) en

1900. Pese a radicar en el mundo al parecer inexacto de la teoría de la probabilidad, la mecánica cuántica es extremadamente precisa; pasó a ser, y sigue siendo, una de las herramientas científicas más importantes de los siglos XX y XXI. Ha sido fundamental para el desarrollo de muchas maravillas, entre ellas los avanzados sistemas de comunicación y la ciencia informática que tantas cosas han hecho posibles en nuestra civilización.

Pero que esto no se interprete mal: pese a su éxito innegable, el desarrollo de las ecuaciones de la mecánica cuántica solo hizo *innecesario* responder las preguntas más profundas sobre la naturaleza de la realidad planteadas por la física cuántica; no las respondió. La inmensa mayoría de los físicos, con un suspiro de alivio, pasaron a dedicarse a sus inventos y dejaron atrás con excelente ánimo los misterios que rodean a la naturaleza de la realidad expuestos por la física cuántica. Sin embargo, los profundos misterios relativos a la *naturaleza definitiva de la realidad* siguen sin estar resueltos. Como Nick Herbert, físico de la Universidad de Berkeley, resume irónicamente: «Uno de los secretos mejor guardados de la ciencia es que la física ha perdido el contacto con la realidad».[8]

En 1997 se hizo una encuesta a varios físicos cuánticos en la que se les preguntaba qué significaba realmente la «física cuántica». Los resultados fueron publicados en un artículo titulado «Panorama de las actitudes fundacionales hacia la mecánica cuántica». Los autores concluían: «La física cuántica se basa en un evidente aparato matemático, tiene una enorme importancia para las ciencias naturales, disfruta de un fenomenal éxito predictivo [...] Pero, al cabo de casi noventa años del desarrollo de la teoría, no existe aún entre la comunidad científica consenso sobre los cimientos en que se asienta».[9]

La necesidad de un observador inteligente no es el único agujero de la tesis del materialismo científico. Si se examinan los descubrimientos de las disciplinas que tratan más directamente de la vida y la conciencia, como la medicina y la neurobiología, se ven muchos más agujeros de este tipo.

En 1976, el British Stomach Cancer Group ('grupo británico de cáncer de estómago') realizó un estudio aleatorio y controlado de un posible tratamiento de quimioterapia para el cáncer gástrico. Los resultados fueron publicados en *World Journal of Surgery* en mayo de 1983.[10] En el estudio de doble ciego, en que se utilizaron placebos, participaron ciento once pacientes. Ni pacientes ni médicos sabían quién recibía un placebo con gotero salino y quién un tratamiento con gotero del medicamento en pruebas. En el transcurso del estudio, que se prolongó varios meses, *el 30 % de los pacientes a los que se trató con el placebo salino perdieron todo el pelo.*

En estudios sobre personas que padecen el síndrome de identidad disociativa, conocido más comúnmente como trastorno de personalidad múltiple (TPM), se pueden encontrar otros ejemplos espectaculares del efecto de la mente en el cuerpo. Estos pacientes han sido objeto de minuciosos estudios. Son personas que pueden pasar de una personalidad a otra en unos minutos, incluso segundos, y lo pueden hacer hasta diez veces en una hora. El TPM es perfectamente conocido; en cambio, lo es menos que los rápidos cambios de personalidad suelen ir acompañados de rápidos cambios fisiológicos.

En su artículo de 1988 «Aspectos psicofisiológicos del trastorno de personalidad múltiple», el doctor Philip M. Coons reseña más de cincuenta estudios en que se identifican cambios fisiológicos producidos cuando una persona con múltiples personalidades pasa de una a otra.[11] Los estudios demuestran que una personalidad puede ser alérgica a determinados alérgenos, por ejemplo la toxina de la picadura de la avispa, y no serlo otras personalidades del mismo individuo. Una personalidad puede ser zurda, y otras, diestras. Una puede tener lunares y cicatrices que otra no tiene. Una puede necesitar gafas, y otras no. En un estudio de 1985 dirigido por Shepard y Braun, se midió detalladamente la visión de un paciente de personalidad múltiple —la refracción, la agudeza visual, la tensión ocular, la queratometría, la visión de los colores y los campos visuales— mientras en el transcurso de una hora se produjeron diez cambios de personalidad. Los ojos de cada personalidad eran exclusivamente distintos, incluido, en un caso, *el color del iris*.[12]

Se podría aducir que el efecto placebo se produce en períodos muy extensos, lo cual explicaría que los pensamientos o sentimientos *activen* procesos bioquímicos conocidos. Sin embargo, en los casos de personalidad múltiple, ningún proceso bioquímico conocido puede explicar la *rapidez* de los cambios fisiológicos, y mucho menos unos cambios que normalmente serían considerados *genéticamente imposibles*, como el del color del iris.

Otro agujero del credo del materialismo científico son las pruebas de que la información se puede intercambiar de una mente a otra. Por extraño que parezca, algunas pruebas proceden de la CIA. En los años setenta y hasta 1995, la CIA dirigió un programa secreto llamado Stargate. Su origen estaba en los temores que provocaba la Guerra Fría. En la década de los setenta, la CIA creía que los soviéticos estaban entrenando a personas para que reunieran información secreta a distancia mediante observaciones psíquicas. Si *era posible* desarrollar esa capacidad psíquica de «visión remota», la CIA no quería estar en desventaja, de ahí que pusiera en marcha su propio programa. Al final, disponía de veintidós laboratorios distribuidos por todo Estados Unidos para comprobar y desarrollar esa capacidad.

El programa Stargate estuvo activo más de veinte años. Se abandonó en 1995 porque los datos reunidos por sus visionarios remotos no eran *consistentemente* fiables para su uso como método de recabar inteligencia, pero *eran* inconsistentemente válidos. La conclusión del informe de la comisión de especialistas de los American Institutes for Research ('institutos estadounidenses para la investigación') era: «Las actuales observaciones dan razones fundadas en contra de seguir con el programa dentro de la comunidad de inteligencia. *Aunque en el laboratorio se han observado efectos estadísticamente importantes*» [cursiva añadida].[13]

Son muchos los que han interpretado el cierre del programa como prueba de que estas capacidades psíquicas no existen en modo alguno, cuando, de hecho, el programa estableció que algunos videntes remotos podían identificar imágenes correctamente y con un grado de precisión importante. El problema de la CIA era que el grado de precisión no se acercaba lo suficiente al 100 % para que fuera fiable o útil. Pero los resultados eran precisos en un grado que distaba mucho del azar, lo cual indicaba que, de algún modo estadísticamente inexplicable, la mente puede recibir información directamente desde fuera del cuerpo.

Muchos descubrimientos del mismo tipo —la función del observador en la formación de la materia, los cambios fisiológicos instantáneos en quienes padecen el trastorno de personalidad múltiple, la prueba del PEAR de los efectos telequinésicos, los éxitos de la CIA en la visión remota— plantean dudas importantes sobre la creencia científica materialista de que todo lo que existe y vaya a existir es el resultado de las interacciones entre la materia y la energía, y han llevado a muchos científicos a contemplar ideas más razonadas, como la posible verdad oculta en las creencias religiosas no materiales.

Hay muchos científicos de gran prestigio que no comparten la visión estrecha de quienes profesan el materialismo científico. El premio Nobel Werner Heisenberg (1901-1976), coloso de la física en los inicios del siglo XX, señalaba que por debajo de la materia hay un reino indivisible y nunca visto, que bautizó con el término *Potencia*, desde el que los objetos saltan a la existencia cuando los contempla un observador inteligente. David Bohm (1917-1992), miembro de la Royal Society y también físico de gran prestigio y muy influyente que participó en el Proyecto Manhattan y fue pionero en el estudio de la física cuántica, llegó a asumir la idea de que toda la realidad está *inseparablemente conectada*. En su libro *La totalidad y el orden implicado* demuestra con contundencia, y matemáticamente, que ningún objeto puede existir con independencia de cualquier otro.

John von Neumann (1903-1957), considerado uno de los grandes matemáticos del siglo XX y científico también del Proyecto Manhattan, afirmaba que la conciencia no se limita a afectar a la realidad, sino que *crea* la realidad. Y por mucho que vayan en contra de la intuición, las ideas de Neumann también se basaban en unas matemáticas rigurosas.

Sir Arthur Eddington (1882-1944), pionero astrofísico británico, sostiene en *The Nature of the Physical World* [La naturaleza del mundo físico]: «La materia del mundo es materia mental». Y prosigue:

> Debemos recordarnos que todo el conocimiento de nuestro entorno con el que se construye la física ha entrado en la sede de la conciencia en forma de mensajes transmitidos por los nervios [...] Al físico objetivo le es difícil aceptar la idea de que el sustrato de

todo es de carácter mental. Pero nadie puede negar que la mente es lo primero y más directo de nuestra experiencia, y todo lo demás son inferencias remotas.[14]

Los catedráticos de Física Fritjof Capra, autor de *El tao de la física*, y Amit Goswami, autor de *The Self-Aware Universe* [El universo autoconsciente], representan parte del pensamiento de la generación más reciente de físicos que han estudiado las filosofías espirituales orientales:

Cada vez son más los científicos conscientes de que el pensamiento místico ofrece un fondo filosófico consistente y relevante para las teorías de la ciencia actual, una concepción del mundo en que los descubrimientos de los hombres y las mujeres pueden estar en perfecta armonía con sus fines espirituales y sus creencias religiosas.

FRITJOF CAPRA[15]

En vez de postular que todo (incluida la conciencia) está hecho de materia, esta filosofía postula que todo (incluida la materia) existe en la conciencia y es manipulado desde ella.

AMIT GOSWAMI, físico cuántico[16]

Entre las mentes científicas más profundas es difícil encontrar alguna que no tenga su propio y peculiar sentimiento religioso. Pero es diferente de la religión del ingenuo. El sentimiento religioso del científico tiene la forma de un asombro arrobado ante la armonía de la ley natural, que revela una inteligencia de tal superioridad que, en comparación con ella, todo pensamiento y toda acción sistemáticos del ser humano son reflejos totalmente insignificantes.

ALBERT EINSTEIN[17]

Poco tienen de «charlatanes y ocultistas» estos científicos. Entre ellos hay premios Nobel y lumbreras de la física cuyos numerosos descubrimientos y formulaciones matemáticas siguen siendo fundamentales para la ciencia. Responder las profundas preguntas planteadas por sus descubrimientos obligó a estos científicos a considerar conceptos relativos a la conciencia, el pensamiento y la percepción: el ámbito tradicional de la filosofía y la religión. Aunque sus especulaciones se asientan en la lógica científica y pese a que llegaron a ellas de forma metódica racional y hasta matemática, los conceptos que emergen —la interconexión, la conciencia, la inteligencia superior— son sin duda no materiales.

Contrariamente a los verdaderos creyentes en el materialismo científico, como Richard Dawkins y Victor Stenger, otros científicos de mayor amplitud de miras y mente más abierta van adonde los hechos de la ciencia los lleven. Si los hechos de la ciencia indican que en la realidad hay algo más de lo que las interacciones entre la materia y la energía pueden explicar, bienvenidos sean.

El sesgo materialista de la ciencia que lleva, en especial, a muchos no científicos a concluir que las creencias en que se asienta la religión han sido rebatidas no es más que esto: un prejuicio ensalzado por una minoría de científicos que profesan la religión del materialismo científico. Pero la realidad es que la ciencia no ha descartado ninguna de las creencias básicas de la religión: los milagros, la vida después de la muerte, el cielo, Dios o la posibilidad de la experiencia trascendente personal. Es más bien la aceptación generalizada de las *creencias* (no demostradas) del materialismo científico lo que ha llevado a muchas personas a tales ideas.

Capítulo 2

LA CIENCIA DE LA RELIGIÓN

Es verdad que la ciencia no ha descartado en modo alguno las creencias fundamentales de la religión, pero el hecho de no poder rebatirlas no las convierte automáticamente en verdaderas. ¿Cómo podemos, entonces, decidir si *hay* algo de verdad en las afirmaciones de la religión?

Una manera de evaluarlas es comparando el testimonio de quienes han vivido profundas experiencias trascendentales. Si observamos más allá de las diferencias superficiales del lenguaje, la cultura y el vocabulario que emplean estas personas para describir sus experiencias trascendentales, encontramos una convincente coherencia.

Otro modo de evaluar los supuestos de la religión es estudiar las formas notablemente similares en que los santos y los sabios alcanzaron esos estados trascendentes. En el núcleo de todas las religiones se encuentran hombres y mujeres que practicaron una *ciencia de la religión* de efectividad universal.

La ciencia de la religión es un conjunto de disciplinas, que están al alcance de cualquiera, que, cuando se practican con un determinado objetivo y una intención concreta, se traducen inevitablemente en la experiencia trascendente personal. De esta experiencia proceden las revelaciones que dan sentido a todas las religiones. Las disciplinas que generan la experiencia trascendente personal merecen ser consideradas científicas porque ofrecen *resultados consistentes y repetibles* si se practican a la perfección.

Soy el primero en admitir que es difícil ver algo que se parezca remotamente a la ciencia cuando uno analiza por primera vez el maremágnum de principios y preceptos que defienden los creyentes ortodoxos de los miles de religiones del mundo. Sin embargo, he llegado a apreciar que la mezcla confusa y a veces contradictoria de prácticas y creencias que rodea a las religiones revela mucho más sobre la naturaleza humana que sobre la naturaleza trascendente de la religión. Se ha dicho que Jesucristo fue crucificado una vez, pero desde entonces sus enseñanzas lo han sido todos los días. A lo largo de los siglos, las palabras de amor incondicional que predicaba se han convertido en razones para el prejuicio, la opresión, la brutalidad y la guerra. Las palabras de Buda, Krishna, Mahoma, Lao-Tse, Moisés y muchísimos otros maestros espirituales han sufrido destinos parecidos.

El mensaje original y universal de todos los maestros espirituales se pierde fácilmente o, peor, se retuerce hasta ser irreconocible debido a la lamentable tendencia de quienes pretenden ser depositarios de la verdad. Esta misma deplorable inclinación se ve claramente en la política, los deportes y, como acabamos de ver, la ciencia, pero en esta última es particularmente intensa y apasionada. A los ortodoxos de la religión les preocupa más proclamar lo que distingue a la *suya* (que, para ellos, es claramente superior) de todas las demás religiones que destacar las verdades que todas comparten. Y lo peor de todo es que los ortodoxos de la religión son inexpugnables en su creencia de que la suya, y solo la suya, es la verdadera.

Paradójicamente, la confusa niebla de las enseñanzas religiosas y las pretensiones de exclusividad oculta sobre todo lo que tienen en común las enseñanzas originarias de los fundadores de las principales religiones del mundo, y de los miles de santos cristianos, maestros sufíes, *roshis* zen, eruditos hindúes, sabios taoístas, adeptos tibetanos y místicos independientes que les han seguido. Es el testimonio de estos hombres y mujeres el que más debería interesarnos, porque son *ellos* quienes vivieron las experiencias trascendentes personales de las que surgen todas las religiones y con las que se renuevan constantemente.

Así como Annie Besant y C. W. Leadbeater manifestaron la insólita capacidad de ver a nivel subatómico, estos hombres y mujeres demostraron capacidades y percepciones que están más allá de la norma: conocimiento intuitivo, sanación instantánea y milagros físicos. Además, y lo más revelador, es que todos manifestaron profundos estados de paz, armonía y amor de tal magnitud que, mientras vivieron, atrajeron a miles de personas como el imán atrae el hierro. Si queremos ver con claridad la ciencia de la religión entre esa confusión encubridora de la ortodoxia religiosa, hemos de observar las experiencias de estos santos y sabios iluminados:

> Los teólogos podrán discutir, pero los místicos del mundo hablan la misma lengua, y las prácticas que siguen conducen al mismo fin.
>
> EKNATH EASWARAN,
> creador de la meditación Passage[1]

Un análisis detallado revela que todos estos santos y sabios iluminados alcanzaron sus estados con variantes de dos prácticas indispensables: la *quietud* y la *absorción interior*. Ambas son las disciplinas básicas de la ciencia de la religión. Si se practican bien, *siempre* llevan a quien lo hace a la conciencia trascendente y más allá de lo sensorial, cualesquiera que sean sus creencias (o no creencias), cultura, sexo, época o momento de la vida.

La quietud

Los santos y sabios iluminados de todas las religiones se autodisciplinan para poder permanecer en completa quietud durante horas, días y hasta semanas. Se dice que Buda Gautama estuvo sentado meditando cuarenta y nueve días debajo del árbol Bodhi. Jesucristo pasó cuarenta días de ayuno y oración en el desierto. Son muchas las historias de yoguis himalayos, maestros zen y monjes y monjas cristianos que pasan largos períodos encerrados en quietud:

Siéntate inmóvil y escucha la voz que dice: «Guarda silencio». Muere y no hables.

RUMI, místico sufí[2]

La quietud es el altar del espíritu.

PARAMAHANSA YOGANANDA,

maestro de yoga y autor de *Autobiografía de un yogui*[3]

Para renovarnos y transformarnos hemos de estar solos con Dios en silencio. En este estado nos llenamos de la energía del propio Dios que nos lleva a hacerlo todo con alegría.

MADRE TERESA DE CALCUTA[4]

Estad quietos y sabed que soy Dios.

SALMOS 46: 10

¿Por qué es necesaria la quietud? Los maestros espirituales de todas las tradiciones manifiestan que la finalidad de la quietud profunda es retirarse de la conciencia corporal, alejarse del flujo continuo de información que entra por los sentidos y ahoga nuestra capacidad de percibir realidades más sutiles pero siempre presentes.

Imaginémonos en una concurrida fiesta al aire libre en el campo. Charlamos animadamente con otros, bailamos al son de la estridente música, sin dejar de comer y beber, inmersos continuamente en fuertes experiencias sensoriales. Tan dominantes son estas experiencias sensoriales que no somos conscientes de otras realidades más sutiles como el trino de los pájaros, el calor del sol, el aroma de los pinos y las suaves sombras de color en la hierba y las plantas. Son realidades más sutiles pero igualmente presentes, de las que sencillamente no somos conscientes debido al abrumador efecto de nuestras experiencias sensoriales más acentuadas.

La analogía de la fiesta concurrida y animada muestra dos *intensidades* diferentes de los *inputs* sensoriales: acentuada y sutil. Los maestros de la ciencia de la religión contrastan dos tipos diferentes de *input*: sensorial y trascendente. Dicen que en la quietud profunda, cuando el *input* sensorial se aparta de la conciencia, pasamos de forma natural a ser conscientes de realidades trascendentes que siempre han estado presentes. Hay en la ciencia de la religión una ecuación simple: cuanto más sosegada está la persona, mayor conciencia adquiere de realidades trascendentes.

Los estudios científicos confirman que los estados profundos de quietud se traducen en un pronunciado alejamiento del *input* sensorial y la conciencia del cuerpo. A finales de los pasados años noventa, los prestigiosos neurocientíficos Andrew

Newberg y su colega, ya fallecido, Eugene D'Aquili, estudiaron el cerebro de monjes budistas durante la meditación y de monjas cristianas en momentos de oración intensa.[5] Inyectaron a los sujetos una sustancia radioactiva y monitorizaron la actividad de su cerebro con una tomografía computarizada de emisión monofotónica (SPECT, por sus siglas en inglés). Descubrieron que durante la meditación o la oración intensa disminuía significativamente la actividad en *todas* las regiones del cerebro que procesan la información sensorial.

En sus observaciones destacaba por su particular interés un grado significativamente menor de actividad en el área de orientación y asociación (AOA), situada cerca de la parte superior del cerebro. En el estado de vigilia normal, los nervios mandan constantemente información a la AOA, desde la cual el cerebro nos ofrece una imagen mental permanentemente actualizada de la posición actual del cuerpo, la orientación, las sensaciones de temperatura, los puntos de contacto con otros objetos, etc. En cambio, en el estado de quietud profunda, estos nervios, a los que normalmente estimula el movimiento, dejan de enviar información nueva a la AOA. Es lo que ocurre de forma natural cuando nos quedamos dormidos. Cuando esto se produce durante la práctica consciente de la quietud disciplinada, los sujetos puestos a prueba afirman que iban perdiendo conciencia de su cuerpo hasta sentirse, en muchos casos, incorpóreos.

La quietud física posibilita también los procesos metabólicos corporales. Cualquiera que por una razón u otra permanezca sentado sin moverse experimenta una disminución del ritmo cardíaco y del respiratorio; la quietud reduce la necesidad del organismo de inhalar oxígeno y expulsar dióxido de carbono. La quietud *disciplinada* puede hacer que desciendan el ritmo cardíaco y el respiratorio por debajo de los niveles a los que normalmente se puede llegar. Muchos estudios, como «Dinámica del ritmo cardíaco durante tres tipos de meditación», publicado en el *International Journal of Cardiology*, confirman la eficacia de estas técnicas para reducirlos significativamente.[6] La práctica de la quietud puede llegar a ser tan intensa que el corazón y la respiración realmente se detengan. Yoguis de la India han demostrado la capacidad de permanecer sin respirar y sin que lata el corazón durante períodos extremos. En 1973, se realizó un estudio en la Facultad de Medicina y Hospital Clínico Rabindranath Tagore de Udapur (India).[7] El yogui Satyamurti, practicante experimentado, se prestó voluntario para el estudio. Conectado a un electrocardiógrafo de doce canales, permaneció en meditación continua ocho días. Poco después de iniciar el experimento, su ritmo cardíaco se detuvo por completo y no se reanudó hasta casi el final del octavo día.

Las experiencias de este tipo no son exclusivas de Oriente. Dice san Pablo: «Cada día muero» (1 Corintios, 15: 31). Maestros espirituales occidentales, como santa Teresa de Ávila, muestran prácticas que llevan más allá de los estados normales de quietud con el fin de intensificar la experiencia y la profundidad de la oración.[8]

Una sorpresa agradable para cualquiera que, por la práctica de la ciencia de la religión, alcance un estado de quietud más profundo de lo normal, aunque solo sea momentáneamente, es el consiguiente resultado. Incluso el principiante siente enseguida la relajación de la tensión emocional, una aguda claridad mental, una sensación de bienestar y un profundo sentimiento de paz. Y estos resultados son solo el principio. La quietud profunda permite a quien la practica experimentar sentimientos y estados de conciencia que están mucho más allá de lo que la mayoría de las personas puedan imaginar.

La absorción interior

El practicante de la ciencia de la religión descubre pronto que es imposible alcanzar la quietud física perfecta sin alcanzar la quietud mental y emocional perfecta, y viceversa. Las dos van inextricablemente unidas:

Cuando tus pensamientos dejen de divagar, cuando abandones toda idea de conseguir algo, cuando tu mente esté tan inmóvil como la madera o la piedra, estarás en el camino que lleva a la Puerta.

HUANG PO, maestro zen[9]

Aquietar la mente agitada; en ello residen la libertad y la felicidad eterna.

SWAMI SIVANANDA, maestro de yoga[10]

Ante la mente sosegada se rinde todo el universo.

LAO-TSE, *Tao Te King*

Todo el que haya intentado meditar puede dar fe de que la mente revolotea de un pensamiento a otro incluso cuando el cuerpo está relativamente quieto. Los yoguis comparan irónicamente la experiencia a la de un elefante ebrio que sale corriendo imparable y sin rumbo por la mente de la persona. Afortunadamente, los santos y sabios nos han transmitido técnicas y prácticas eficaces para someter al elefante ebrio. Se reparten en dos amplias categorías: la *devoción* y la *concentración*, atender al corazón y atender a la mente.

La devoción se puede definir como la firme determinación de absorberse en el sentimiento. La mente y el sentir forman una unidad holística. Lo habitual es que el pensamiento siga al sentimiento, como puede atestiguar quien haya deseado algo con intensidad. La mente siempre vuelve a concentrarse en los sentimientos fuertes, con independencia de que uno pueda pensar en cualquier otra cosa.

Los instrumentos primordiales de la devoción son la oración sincera, el canto devocional y la salmodia. Son prácticas que varían entre las diferentes religiones, pero la finalidad común es despertar el deseo profundo y decidido de Dios, en la forma que a cada uno le sea más grata. El cristiano podrá pensar en Jesús y María; el hindú, en Krishna o una diosa como Lakshmi; el budista, en Buda; el musulmán, en Alá, que no tiene forma.

Quienes poseen una sintonía natural con el corazón se sienten capaces de olvidarse de sí mismos en sus devociones. Los pensamientos reducidos y casuales de la mente quedan eclipsados por sentimientos fuertes y sublimes. Atrapados en la devoción, todo lo demás se olvida, incluido el cuerpo y el *input* sensorial.

Además de estas prácticas devocionales, los santos y sabios iluminados, en particular los orientales, ofrecen técnicas para la concentración de la mente. Son técnicas que suelen implicar la repetición mental de frases, o mantras. Algunas requieren observar la respiración o respirar de una determinada forma. Muchas exigen concentrar sistemáticamente la atención en un punto intermedio entre las cejas. En general, se puede decir que todas ellas son técnicas de meditación. Quienes las utilizan de forma regular pueden alcanzar tal grado de concentración mental que, como ocurre en la práctica de la devoción, pierden la conciencia del cuerpo.

Se han realizado muchos estudios científicos para medir los efectos de la meditación y la oración, en los que han participado sujetos de todas las religiones y tradiciones místicas, desde monjas católicas hasta monjes zen. Para medir las actividades del cerebro de los sujetos se han utilizado, entre otros dispositivos, el electroencefalograma (EEG) y la SPECT. Estos dispositivos de medición detectan el aumento y la disminución de la actividad en partes *específicas* del cerebro (la imagen por resonancia magnética funcional o IRMf y la SPECT) o, en el caso del EEG, cambios en la actividad cerebral *general*.

La actividad cerebral, tal como la mide un EEG, se clasifica normalmente en ritmos cerebrales alfa, beta, delta y zeta. En general, nuestro estado de conciencia físicamente activo habitual tiende a producir un ritmo de ondas beta. En reposo, el pensamiento profundo suele originar un ritmo de ondas alfa. El sueño profundo produce un ritmo de ondas delta. La meditación también crea un ritmo de ondas alfa, que, como he señalado, se genera cuando la persona se concentra o piensa profundamente. Sin embargo, los meditadores suelen pasar por el ritmo de ondas alfa, como la fase de un proceso, para llegar a ritmos de ondas zeta.

Se han detectado ondas zeta cuando la persona sueña profundamente (en la fase REM), aprende, visualiza o crea. De modo que los ritmos de ondas zeta, que también se detectan en la meditación, van asociados a lo que podríamos llamar una actividad inmóvil pero de suma concentración, lo cual revela que la meditación es mucho más que un deambular placentero por los pensamientos propios. La meditación profunda es sumamente cautivadora, creativa y concentrada.

Sin embargo, el electroencefalograma solo puede medir la actividad eléctrica general del cerebro. Con otras técnicas, en particular la IRMf, los científicos pueden medir la actividad que se produce en áreas cerebrales específicas y con ello darnos una idea más profunda de los efectos de la meditación.

Las áreas activadas del cerebro —las zonas con mayor flujo sanguíneo— aparecen «encendidas» en la pantalla del ordenador de la IRMf. Estudios realizados con la IRMf ofrecen el mapa completo de las zonas específicas del cerebro que se encienden cuando la persona realiza determinadas actividades. Sabemos, por ejemplo, qué partes del cerebro *se activan* cuando el cuerpo está en movimiento, cuando los sentidos están funcionando activamente o cuando la excitación sexual o el amor estimulan diversos sentimientos.

También sabemos qué partes del cerebro se activan, y cuáles se desactivan, cuando la persona medita, se concentra o practica la devoción. Durante la meditación, las áreas cerebrales que procesan la información sensorial y el movimiento físico se *desactivan*. Entre ellas están las que reciben el *input* sensorial de determinadas partes del cuerpo y las que intervienen en el control motor, el sentido espacial, el habla y las emociones primarias como el miedo y la ansiedad. Estas áreas se encuentran en los lóbulos parietal, occipital y temporal, en la parte posterior del cerebro, y en el cerebelo y el bulbo raquídeo (figura 5).

En estado de meditación, se activan las áreas asociadas a la atención, la creatividad y los sentimientos más sutiles, como el amor y la compasión. Estas áreas están situadas en el lóbulo frontal, que incluye, especialmente, la corteza prefrontal, que se enciende cuando nos concentramos (figura 6). En esta área del cerebro es donde disponemos los pensamientos en función de lo que nos propongamos. El lóbulo frontal, sobre todo la corteza prefrontal, también va asociado a nuestras capacidades superiores: la imaginación, la creatividad, la apreciación el arte y la música, la resolución de problemas, la planificación, la conciencia, los modales y la moral. La activación de nuestras cualidades superiores enciende el lóbulo frontal. También ocurre al revés: cuando activamos el lóbulo frontal a través de la meditación, se activan nuestras cualidades superiores.

Asimismo es interesante, a la luz de las muchas técnicas devocionales que se utilizan en la ciencia de la religión, que el lóbulo frontal incluya las áreas específicas del sistema límbico –el sistema del cerebro que procesa las emociones– que se activan con los sentimientos de compasión y empatía.

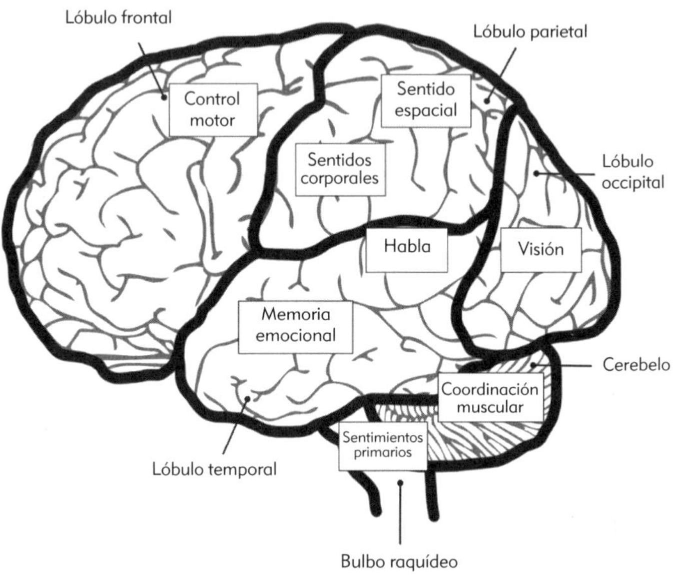

FIGURA 5. Durante la meditación, los lóbulos parietal, occipital y temporal de la parte posterior del cerebro, así como el cerebelo y el bulbo raquídeo, se desactivan. Estas áreas cerebrales van asociadas al *input* sensorial de determinadas partes del cuerpo y a las que intervienen en el control motor, el sentido espacial, el habla y los sentimientos primarios como el miedo y la ansiedad.

Partes del sistema límbico se activan durante la formación y el procesamiento de *cualquier* sentimiento. El sistema límbico se activa durante las reacciones emocionales más primarias –el miedo, la agresión, el odio– y también ante sentimientos más delicados –la paz, la compasión, el amor–. Sin embargo, los sentimientos primarios activan las zonas inferiores del sistema límbico, conocido como tallo cerebral, mientras que los sentimientos más elevados activan las zonas superiores del sistema límbico, cercanas al lóbulo frontal, las cuales incluyen la corteza cingulada, el hipocampo y el tálamo. En muchos estudios se asocia la corteza cingulada anterior sobre todo, que es la parte de la corteza cingulada más próxima al lóbulo frontal, a la empatía y la compasión (figura 6).[11]

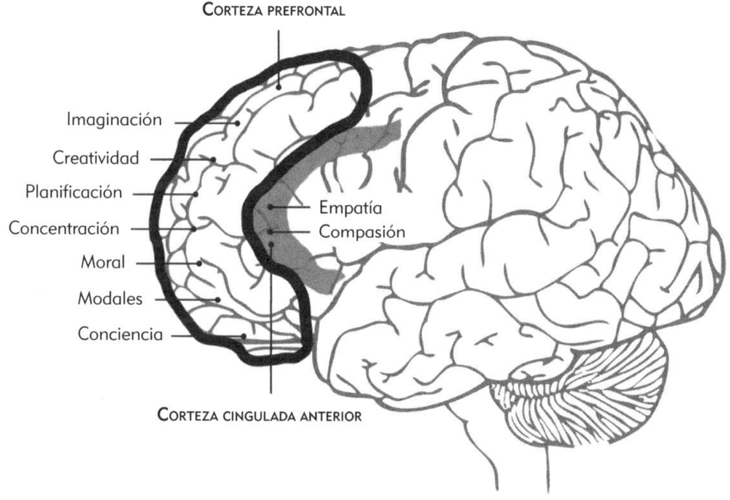

FIGURA 6. La corteza prefrontal y la corteza cingulada anterior se activan durante la meditación. Estas áreas del cerebro van asociadas a la meditación, la creatividad y los sentimientos más elevados, como el amor y la compasión.

La ciencia puede medir cuantitativamente las ondas cerebrales y detectar qué partes del cerebro se activan durante los estados de concentración y devoción, pero para describir la experiencia cualitativamente solo podemos recurrir al testimonio de quienes meditan y practican la devoción. Todos ellos describen sus experiencias como mucho más ricas, mucho más amplias y mucho más *reales* que cualquier otra cosa que experimenten en el estado de vigilia habitual:

Cuando a través de la meditación nos elevamos a lo que nos une con el espíritu, aceleramos en nuestro interior algo que es eterno y no está limitado por el nacimiento y la muerte. Cuando hemos experimentado esta parte eterna que hay en nosotros, ya no podemos seguir dudando de su existencia. De modo que la meditación es la manera de conocer y contemplar el centro eterno, indestructible y esencial de nuestro ser.

RUDOLF STEINER,
místico y fundador de la antroposofía[12]

El Reino de Dios viene sin dejarse sentir. Y no dirán: «Vedlo aquí o allá», porque el Reino de Dios ya está entre vosotros.

LUCAS, 17: 20-21

La trascendencia

Las experiencias profundamente inspiradoras y transformadoras de unidad, paz y amor no son los únicos resultados de la práctica de la ciencia de la religión. Quienes alcanzan la quietud perfecta y la absorción interior perfecta dicen que cobran conciencia de realidades que están más allá del mundo físico. Su testimonio abarca las revelaciones fundamentales de todas las religiones: descripciones de mundos celestiales y seres angélicos a los que la percepción sensorial normal no puede acceder.

Estas revelaciones son también el aspecto más polémico de la religión, porque no parece que exista forma alguna de validarlas. Pero aproximadamente en los últimos cincuenta años, la eficacia de la medicina del siglo XX ha corroborado sin darse cuenta la percepción trascendente a través de los fenómenos hoy omnipresentes conocidos como experiencias cercanas a la muerte (ECM).

Las experiencias cercanas a la muerte ya eran conocidas, aunque en escaso número, antes de la llegada de tratamientos médicos de urgencia sumamente efectivos. Sin embargo, desde mediados del siglo xx las prácticas avanzadas de resucitación y soporte vital han salvado la vida a millones de personas que de otro modo podrían haber muerto, con el resultado de un importante aumento de los casos de experiencias de este tipo. No todos a quienes esos avances médicos han salvado la vida han tenido alguna experiencia cercana a la muerte, pero la cantidad de quienes sí las han tenido es impresionante.

En 1982, el encuestador George Gallup Jr. y el escritor William Proctor publicaron *Adventures in Inmortality*,[13] con los resultados de encuestas exhaustivas realizadas en 1980 y 1981. Según esas encuestas, en aquel momento *más de ocho millones* de estadounidenses habían tenido alguna experiencia cercana a la muerte. (El fenómeno no es exclusivo de Estados Unidos. Diversos estudios acreditan que personas de todo el mundo han vivido este tipo de experiencias).[14]

Quienes han tenido una ECM «vuelven a la vida» después de que sus constantes vitales –la actividad cardíaca, respiratoria y cerebral– descendieran por debajo de los niveles críticos o cesaran por completo. En la mayoría de los casos, revivían al cabo de un período que podía extenderse desde unos minutos hasta un par de horas. En unos pocos casos se había certificado la muerte de la persona, se la había trasladado al depósito de cadáveres y poco después había revivido, provocando, como es de imaginar, una gran sorpresa.

Una vez recuperados, muchos individuos explicaban a médicos, personal sanitario y familiares las extraordinarias experiencias que habían tenido. No todo el que ha pasado por una ECM se atreve a hacerla pública y hablar de ella. Por miedo al ridículo, a que se la acuse de mentirosa, a que se la tenga por desequilibrada mental o, sencillamente, para protegerse de interpretaciones perversas de lo que considera una experiencia sagrada, la gente prefiere mantenerla en secreto y solo compartirla con unos pocos amigos y la familia. Sin embargo, se ha entrevistado a miles de personas que estaban dispuestas a explicar lo que habían vivido; hay otros cientos de ellas que han escrito sus propios libros o artículos en los que detallan sus experiencias. Lo que impresiona de inmediato a quienes estudian experiencias cercanas a la muerte es la notable similitud y consistencia de las descripciones.

Experiencias extracorpóreas

Miles de personas que han tenido experiencias cercanas a la muerte hablan de que se sienten y se ven flotando fuera y por encima de su cuerpo físico. Ven a este en una mesa de operaciones, o en la escena de un accidente, como si lo contemplaran desde fuera. Mientras permanecían en tal estado veían cosas que ocurrían muy lejos del alcance de los sentidos en ese momento comatoso de su cuerpo. Al regresar a la conciencia despierta, muchos describían con exactitud conversaciones y actividades que se habían producido mientras ellos estaban «inconscientes» —y muchos vieron cosas que no podrían haber visto aunque hubiesen estado conscientes—. Siguen a continuación dos relatos de experiencias cercanas a la muerte. El primero es del libro *Brain Death and Disorders of Consciousness* [Muerte cerebral y trastornos de la conciencia], tal como se la contó una enfermera de la unidad de atención coronaria al doctor Pim van Lommel, del hospital Rijnstate, en Holanda. La segunda es una entrevista de Kimberly Clark Sharp incluida en su libro *After the Light* [Después de la luz].

Durante el turno de noche una ambulancia trae a un hombre cianótico y comatoso de cuarenta y cinco años. Fue encontrado en coma unos treinta minutos antes en un prado. Cuando procedemos a intubarlo, observamos que lleva puentes dentales. Le quito el de la parte superior y lo dejo en el «carrito de urgencias». Al cabo de más o menos una hora y media el paciente tiene un ritmo cardíaco y una presión sanguínea suficientes, pero sigue ventilado e intubado y en estado de coma. Es trasladado a la unidad de cuidados intensivos para continuar con la necesaria respiración artificial. No veo de nuevo al paciente hasta más de una semana después, y por entonces ha regresado a la sala de cardiología. En cuanto me ve, dice: «¡Oh!, esa enfermera sabe dónde está mi dentadura». Me sorprendo mucho. A continuación aclara: «Usted estaba ahí cuando me trajeron al hospital, me sacó el puente de la boca y lo dejó en ese carrito, que estaba lleno de botellas y tenía un cajón en la parte inferior, y ahí dejó la prótesis». Me quedé asombrada porque recordaba que todo eso ocurrió mientras estaba en coma profundo y en proceso de reanimación cardiopulmonar. Según parece, se vio tendido en la cama y observó desde arriba a los médicos y las enfermeras trabajando en ese proceso. También pudo describir correctamente y con detalle la pequeña habitación donde lo habían resucitado, el aspecto de todos los presentes y el suyo propio. Está muy impresionado por su experiencia y dice que ya no teme a la muerte.[15]

✳✳✳✳

María era una inmigrante que se encontraba en Seattle visitando a unos amigos, cuando tuvo un infarto cardíaco grave. La llevaron de urgencia al hospital Harboriew y la ingresaron en la unidad de cuidados coronarios. Pocos días después, tuvo una parada cardíaca y una experiencia extracorpórea inusual. En un momento de esa experiencia se encontraba [flotando] fuera del hospital y vio una zapatilla de tenis en la cornisa de la cara norte de la tercera planta del edificio. María no solo supo señalar el lugar donde extrañamente se encontraba ese objeto, sino también dar detalles exactos sobre su aspecto, como que tenía raída la parte del dedo gordo y que un extremo del cordón estaba debajo del talón. Después de escuchar la historia de María, Clark, considerablemente escéptica y con muchas dudas metafísicas, fue al lugar descrito para ver si había alguna zapatilla de esas características. Y, en efecto, ahí estaba, exactamente donde María había dicho, aunque desde la ventana por la que Clark la veía no se podían observar los detalles que María había dado de ella. Clark concluyó: «La única forma de que pudiera tener esa perspectiva era que estuviera flotando por el exterior y muy cerca de donde estaba la zapatilla. Recuperé esta y se la llevé a María; era para mí una prueba muy real».[16]

Paz y bienestar profundos

Las experiencias cercanas a la muerte casi siempre van acompañadas de unos sentimientos de paz y bienestar tan profundos que a la persona le cambian la vida para siempre. La mayoría de quienes las han vivido aseguran que nunca más van a tener miedo de la muerte. Muchos explican que sienten la presencia de un amor indulgente e incondicional:

Después recuerdo simplemente que sentía mayor dicha, más entusiasmo, un mayor éxtasis. Era una luz llena de amor que me iba llenando y llenando.

JAYNE SMITH, en *Moment of Truth*[17]

Me envolvió un sentimiento de omnisciencia. Todas las partes de mi ser estaban colmadas de un amor incondicional indescriptible.

No había ninguna pregunta sin respuesta. Alcancé y comprendí una paz interior sin ningún esfuerzo ni propósito alguno.

LAURELYNN MARTIN, autora de Searching for Home[18]

Tránsito a la luz

Quienes han vivido experiencias cercanas a la muerte, después de flotar libremente fuera de su cuerpo, suelen hablar de sentirse atraídos irresistiblemente hacia una luz:

Después, de repente, estaba en la luz, blanca y brillante, luminosa y potente, una luz muy resplandeciente. Era como el *flash* de una cámara, pero no titilaba; el brillo era constante. Al principio el resplandor me molestaba. No podía mirar directamente a la luz. Pero poco a poco empecé a relajarme. Comencé a sentir calor, calma, y de repente todo parecía perfecto.

GEORGE RODONAIA, autor de The Journey Home[19]

Una vez «en» la luz, a continuación muchos ven una realidad luminosa que la mayoría describe como el cielo.

Todos los allí presentes estaban hechos de luz. Y yo estaba hecha de luz. Lo que la luz transmitía era amor. Había amor por todas partes. Era como si el amor viniese de la hierba, llegara de los pájaros, de los árboles.

VICKI UMIPEQ, ciega de nacimiento[20]

Para explicarlo diría que eran destellos de luz y colores brillantes de todo el espectro por todas partes.

CHRISTIAN ANDRÉASON,
sobre su experiencia cercana a la muerte[21]

La explicación de las ECM que los materialistas científicos dan hoy es que no son sino una extensión natural de nuestra capacidad de soñar, como si, a modo de último hálito de conciencia, estos miles de personas que vivieron tales experiencias hubiesen tenido una especie de alucinación provocada por procesos bioquímicos confinados en el cerebro.

Si así fuera, ¿por qué se parecen tanto las explicaciones? Mis sueños de unas noches apenas tienen nada que ver con los de otras, y mucho menos con los de otras personas.

Y ¿cómo es posible que estas personas supieran cosas que ocurrieron a su alrededor mientras estaban en coma? ¿Cómo vio María una zapatilla de tenis en la cornisa del tercer piso del hospital? ¿Cómo sabía el señor de la dentadura dónde se la habían dejado?

Y si las experiencias cercanas a la muerte solo son alucinaciones, ¿por qué cambian tanto a quienes las viven?

Aunque Steve consiguió reanimarme, una cosa estaba clara: la mujer que devolvió a la vida no era la misma que la que había dejado. Después de percatarme de que esencialmente era un Ser de Luz, tuve que volver a este mundo y entrar de nuevo en un cuerpo físico y denso. Además, casi todo lo que pensaba solo unas horas antes —que era un ser físico, que el amor estaba fuera de mí, que Dios era una especie de monarca patriarcal sentado en un trono de mármol en alguna parte del cielo, que había motivos para tener miedo de la muerte, que estaba condenada por mi pasado, que la religión y la espiritualidad eran lo mismo, que la espiritualidad y la ciencia eran diferentes— ya no era verdad después de lo que había experimentado. Prácticamente todas las imágenes de la realidad que había usado para describir mi existencia, que no debe confundirse con mi vida, se habían reducido a cenizas. Unas cenizas que fueron esparcidas al viento.

LYNNCLAIRE DENNIS, autora de *The Pattern*[22]

Había vivido, y había sido consciente, plenamente consciente, en un universo caracterizado por el amor, la conciencia y la realidad. Un hecho que para mí era innegable. Lo sabía con tal seguridad que me dolía.

EBEN ALEXANDER, autor de *La prueba del cielo*[23]

Ya han pasado veinte años desde mi viaje por los cielos, pero nunca lo he olvidado. Ni jamás, ante el ridículo y la incredulidad, he dudado de su realidad. Algo tan intenso y que me cambió la vida no pudo haber sido un sueño ni una alucinación. Al contrario, pienso que el resto de mi vida es una fantasía pasajera, un sueño breve, que acabará cuando me despierte de nuevo en la permanente presencia de ese dador de vida y felicidad.

BEVERLY BRODSKY, autora de *Lessons from the Light*[24]

Es imposible leer sin asombro las historias de estas experiencias trascendentales. Investigadores de mente abierta, incluidos médicos y científicos, piensan que es imposible rechazar por falsos o fantasiosos el testimonio y los profundos cambios vitales de quienes han vivido una ECM. Un estudio riguroso de estas experiencias lleva hasta al escéptico más recalcitrante a la conclusión de que solo las puede explicar algo que trascienda de lo puramente físico. No fueron experiencias de origen cerebral y oníricas que derivaran al azar de pensamientos e impresiones de una persona: todas las experiencias cercanas a la muerte eran parecidas *cualesquiera que fueran las ideas previas* de quienes las vivieron. Muchos eran ateos. La mayoría no tenía ideas preconcebidas sobre el cielo ni los reinos astrales. Gran parte de los que *sí* las tenían sobre estos reinos trascendentes consideraban que su experiencia era completamente *distinta* de lo que pensaban.

Uno de los pilares del método científico es la importancia de los resultados empíricos y repetibles. Ningún experimento realizado por un científico se considera válido si otro científico no lo puede repetir y obtener los mismos resultados. Hay semejanzas evidentes entre las experiencias cercanas a la muerte descritas por quienes las han tenido y las que describen santos y sabios iluminados. Quienes alcanzan la quietud y la absorción interior perfectas, sea de forma intencionada (por medio de la meditación o la devoción) o casual (por medio de una experiencia cercana a la muerte), obtienen los mismos resultados empíricos:

> Desde mi regreso [de la experiencia cercana a la muerte] he experimentado la luz de forma espontánea, y he aprendido a llegar a ese espacio casi en cualquier momento de mi meditación. Todos lo podéis hacer. No tenéis que morir para conseguirlo. Lo lleváis incorporado; estáis cableados para ello.
>
> MELLEN-THOMAS BENEDICT[25]

La coherencia de las experiencias cercanas a la muerte coincide con las congruentes revelaciones de los santos y sabios iluminados:

> El reino astral es un reino de luz irisada. La tierra, los mares, los cielos, los jardines, los seres y las manifestaciones del día y la noche astrales están todos hechos de vibraciones multicolores. Los océanos resuellan con el color de la aguamarina, el azul, el verde, el

plateado, el dorado, el rojo y el amarillo. Olas relucientes como el oro danzan al ritmo perpetuo de la belleza.

Paramahansa Yogananda, maestro de yoga[26]

Está lleno de una especie de luz hermosa [...] de personas [...] de flores [...] de ángeles. Una dicha indescriptible lo cubre todo. El cielo es un espacio inmenso, con una luz brillante que nunca lo abandona.

Vicka Ivankovic-Mijatovic, uno de los seis niños
a quienes se apareció María en Medjugorje
(Bosnia Herzegovina)[27]

Podría seguir añadiendo citas a las anteriores. He leído cientos de libros que hablan de emocionantes experiencias cercanas a la muerte, con sugerentes descripciones de reinos trascendentes efectuadas por monjes, monjas, yoguis, sufíes, adeptos, *roshis*, santos, sabios y místicos de todas las religiones y todos los tiempos. Cuanto más lee uno, más percibe la asombrosa coherencia de la que hablaba al principio de este capítulo. Miles de personas atestiguan que, una vez que trascienden de los sentidos en la perfecta quietud física, emocional y mental, perciben reinos y seres angélicos de hermosa luz y sienten un bienestar y una armonía abrumadores y difíciles de explicar.

Esta elocuente coherencia de los descubrimientos de los santos y sabios es la razón de que dé a estos la misma credibilidad que a los descubrimientos de la ciencia. En los capítulos siguientes, veremos citas de santos y de científicos, ejemplos tanto de visiones de la religión como de visiones de la ciencia.

La diferencia fundamental entre la ciencia de la religión y la ciencia de la materia está en el proceso de descubrimiento: la idea de la realidad de la ciencia de la materia se basa en descubrimientos repetibles y constantes de *experimentos físicos*; la idea de la realidad de la ciencia de la religión se basa en descubrimientos repetibles y constantes de la *experiencia trascendente*.

Siguiendo nuestro análisis, el descubrimiento más notable será que la percepción de la realidad obtenida de los experimentos físicos y la que se obtiene de la experiencia trascendente son extraordinaria y profundamente coherentes; juntas, componen una imagen de la física de Dios más completa que la que puedan ofrecer por separado.

Capítulo 3

LA ILUSIÓN LUMÍNICA DE LA MATERIA

Un ejemplo de la notable similitud entre los descubrimientos de la ciencia y los de la religión es que ambos revelan que la materia no es lo que parece. Para muchas tradiciones religiosas la materia es una ilusión, en especial para el hinduismo, el budismo, el jainismo y el sijismo, que contemplan la idea de *maya*, el velo de ilusión que cubre la percepción sensorial. Y los descubrimientos de la ciencia coinciden en que la materia no tiene nada que ver con lo que perciben los sentidos. De hecho, la mayor parte de la realidad les queda oculta.

Parece que los sentidos nos dicen inequívocamente que vivimos en una realidad de materia sólida y duradera. Sin embargo, estos sentidos son extremadamente limitados. Los ojos solo detectan la luz *visible*: una pequeñísima parte del espectro electromagnético, que también incluye ondas de radio, microondas, rayos infrarrojos, rayos ultravioletas, rayos X y ondas gamma, ninguno de los cuales podemos percibir con el sentido de la vista. Si este sentido nuestro no estuviera limitado a ver únicamente una banda estrecha del espectro electromagnético, si pudiéramos «ver» el resto del espectro, percibiríamos un mundo compuesto enteramente de luz. Imaginemos que hay miles de «colores», no solo los siete del espectro de luz visible, en una realidad completamente luminosa.

Con nuestro oído podemos percibir sonidos que vibran en el rango de 20 a 20.000 Hz. Pero los sonidos pueden vibrar en frecuencias muy superiores a los 20.000 Hz. Algunos murciélagos pueden detectar sonidos de hasta 200.000 Hz. Los átomos vibran en frecuencias de nada menos que 10.000.000.000.000 Hz. El rango más bajo del sonido, conocido como «infrasonido», vibra a tan solo 0,001 Hz. Entre las fuentes de estos sonidos de baja frecuencia están los terremotos, los volcanes y los rayos. Si nuestro sentido del oído no estuviera limitado a esta banda de detección tan estrecha, podríamos experimentar un mundo pletórico de sonidos, desde los potentes pulsos de los movimientos de la Tierra hasta la vibración continua de los átomos.

Nuestros sentidos del olfato, el gusto y el tacto son también limitados. Solo podemos oler compuestos muy específicos transportados por el aire, y únicamente podemos percibir el gusto de sustancias muy específicas que ingerimos. El sentido del tacto nos dice muy poco de lo que estemos tocando, solo las propiedades básicas de textura, dureza y temperatura.

La realidad es que somos muy insensibles al mundo que nos rodea. Podemos asegurar que nuestros sentidos no pueden detectar más del 99,9 % de las ondas de luz, las frecuencias y las sustancias que vibran que realmente están ahí. Si pudiésemos percibir toda la realidad, la imagen que nos trasladaría el ojo de la mente sería casi completamente distinta de la que los sentidos nos permiten percibir. La materia es una falsa ilusión compuesta de energía vibrante.

Recordemos los diagramas de los átomos de algún libro de texto de ciencias de la escuela primaria. Mostraban un núcleo compuesto de protones y neutrones rodeados de electrones. En sexto, construíamos maquetas del átomo. Llegábamos a casa y enloquecíamos a nuestros padres, que intentaban ayudarnos a recortar pelotas de poliestireno, pintarlas y ensartarlas en el alambre de una percha para formar un círculo. Un niño de mi clase hizo una maqueta del átomo de uranio, con una gran maraña de cientos de círculos de alambre con bolas de poliestireno que casi ocultaban por completo la bola roja y azul que representaba el núcleo. Tal vez tuvieras en clase algún compañero que hiciera algo parecido; alguien que hoy probablemente dirija alguna empresa tecnológica y vaya a trabajar en un Lamborghini. Vamos a olvidarlo.

Pero ¿nos acordamos del diagrama? ¿Sí? Pues vamos a olvidarlo también. El diagrama continúa en los libros de texto porque se sigue creyendo que es útil para la enseñanza, pero es completamente engañoso. Desde principios del siglo XX se conoce una imagen mucho más exacta del átomo, una imagen, sin embargo, mucho más difícil de visualizar.

El primer problema del típico diagrama de los libros de texto es la escala. El diagrama más habitual es el del átomo de hidrógeno, porque es el más sencillo: un protón en el núcleo y un electrón orbitando a su alrededor. Pero si el tamaño del núcleo de un solo protón del átomo de hidrógeno realmente fuera tan grande como se representa —de unos tres centímetros, por ejemplo—, para que la escala fuera correcta el electrón debería estar a varios kilómetros de distancia.

Es probable que lo hayas oído muchas veces, pero merece la pena repetirlo: si se eliminara todo el espacio que media entre el núcleo de los átomos y los electrones que giran a su alrededor, nuestro cuerpo se reduciría a menos del tamaño de un alfiler. Nuestro cuerpo está compuesto casi por completo de espacio vacío: en un 99,9999 %.

Esto plantea una pregunta evidente: ¿por qué nuestro cuerpo no se encastra con otros objetos, fundiéndose en ellos como se funden dos frágiles dientes de león? O ¿por qué nos detenemos súbitamente (y con dolor) cuando nuestro cuerpo compuesto casi por completo de espacio vacío choca contra un muro compuesto casi por completo de espacio vacío?

Buenas preguntas, que nos llevan al segundo problema del diagrama: es estático. El electrón representado como un punto de un círculo alrededor del núcleo en realidad se mueve a la velocidad de la luz. En el tiempo que se tarda en leer esta frase, un electrón habrá dado la vuelta alrededor del núcleo *billones* de veces.

¿Recuerdas las bengalas con que se celebra el 4 de julio? Hoy están prohibidas en casi todas partes, porque pueden provocar incendios en el césped seco, los tejados de madera y el cojín de la mecedora del porche de nuestro tío. Pero todos hemos jugado con ellas. Son muy divertidas, sobre todo por la noche. Las agitábamos en el aire para ver la estela de luz que dejaban; si las girabas deprisa, parecían un auténtico círculo de luz destellante suspendido en el aire por arte de magia.

El círculo de luz que se forma al girar una bengala no es real. Es el resultado de cómo funcionan nuestros ojos y de lo que el cerebro hace con la información que recibe. Pero la aparente realidad del círculo de luz es un buen símil del efecto de la vertiginosa órbita del electrón alrededor del núcleo. Moviéndose a la velocidad de la luz, a una velocidad inimaginablemente mayor que la del círculo de nuestra bengala, el electrón genera efectivamente un caparazón permanente de energía luminosa en torno al núcleo. Los átomos mayores, con su mayor cantidad de protones y el consiguiente mayor número de electrones, generan lo que normalmente se describe como una *nube de electrones* alrededor del núcleo.

La palabra *nube* sugiere algo blando y flexible, pero en este caso no lo es. Si estuviéramos dentro de una pequeña nave espacial y de un modo u otro pudiéramos reducirla al tamaño de un neutrón para después intentar volar en el interior de un átomo, nos resultaría imposible penetrar en el campo de fuerza de energía generado por la nube de electrones que se desplazan alrededor del núcleo. Cuando nuestra nave recibiera un golpe directo de un electrón, nos desintegraríamos, por un impacto similar al estallido de un cañón de láser de cualquier nave espacial de ciencia ficción.

Cuando un átomo, rodeado del campo de fuerza de los electrones que giran a su alrededor, entra en contacto con el campo de fuerza de los electrones que también giran de otro átomo, pueden ocurrir varias cosas. Pueden rebotar uno en otro y cada uno seguir su camino. O un átomo puede tomar electrones del otro, o dárselos, en un proceso que cambia a los dos átomos. O estos pueden compartir electrones, en un intercambio que los une, de modo que los átomos se pueden disponer de formas estables conocidas como moléculas.

Todo, desde las tortitas hasta los planetas, se forma a partir de las diversas interacciones entre los caparazones de electrones de los átomos. Pero hay algo que esos caparazones de átomos (en condiciones normales) no pueden hacer: destruirse. El campo de fuerza de los electrones es extraordinariamente fuerte. *Es posible* romperlo arrancando los electrones de los átomos simples, como el hidrógeno, dejando, así, «libre» al protón. Pero si no se controla minuciosamente, ese protón tomará casi de inmediato un electrón de algún otro átomo servicial y se formará de nuevo el campo de fuerza.

Esta nube de electrones similar a un campo de fuerza que orbita alrededor de todos los átomos es lo que impide que nuestro cuerpo, compuesto mayoritariamente de espacio vacío, se incruste en otros objetos también compuestos en su mayor parte de espacio vacío, o que se hunda en el suelo que pisamos. Un buen símil visual es el de una caja de cartón grande llena a rebosar de pelotas de pimpón, todas ellas huecas, que soportaría fácilmente nuestro peso si nos sentáramos sobre ella. Del mismo modo, el suelo sustenta bien nuestro peso aunque la Tierra esté compuesta de espacio vacío en un 99,9999 %.

Y ahora el último problema de nuestro diagrama: ese punto del centro que representa el núcleo tampoco es materia. Al igual que el campo de fuerza del caparazón de electrones de energía en continuo movimiento que rodea los protones y neutrones del núcleo, estos, los protones y neutrones, *también* están compuestos de energía que se mueve a la velocidad de la luz.

Einstein fue el primer científico en demostrar matemáticamente que la materia tal como se entendía sencillamente no existe. En 1905, publicó un artículo en el que exponía su teoría especial de la relatividad, y afirmaba que el núcleo del átomo en realidad era una forma de energía de frecuencia supercondensada y superalta. Su famosa ecuación $E = mc^2$ demostraba que no existen bolas sólidas diminutas e indivisibles.

Desde entonces, la ausencia de materia «sólida» en el núcleo del átomo se ha demostrado repetidamente en experimentos llevados a cabo con aceleradores de partículas. En condiciones normales, la nube de electrones que rodea el núcleo impide que otras formas de energía luminosa penetren en él y, por ello, impiden que los científicos «vean» a través de este. Es una situación parecida a la imposibilidad de ver el interior de un huevo porque la cáscara lo impide. Ante esa imposibilidad, físicos pioneros pensaron que si no podían ver el interior del átomo, podían romper este en trozos y después estudiarlos, lo que sería, más o menos, como romper el huevo y analizar su contenido.

En 1929, Ernest O. Lawrence, de la Universidad de California en Berkeley, inventó el primer *colisionador de átomos*, o acelerador de partículas, tal como hoy se conoce. El colisionador de Lawrence es el enésimo antepasado del gran colisionador de hadrones (LHC) construido en el CERN, la Organización Europea para la Investigación Nuclear, en Suiza. Lo que desde entonces se ha descubierto no se parece en nada al simple diagrama del átomo de nuestro libro de física.

No voy a intentar dibujar una imagen completa de lo que hoy se llama el *modelo estándar* del átomo, ni siquiera un primer esbozo. A la mayoría de las personas les abruma el alud de términos empleados en este modelo para describir las partículas progresivamente más pequeñas y más exóticas que se han generado e identificado en los experimentos llevados a cabo con un acelerador de partículas: los quarks, bosones, hadrones, fermiones, fotones, gluones, mesones, bariones, leptones, muones, piones, kaones... son solo un puñado de nieve de ese alud de términos del modelo estándar que sepulta al lego en la materia.

Afortunadamente, retirarnos de la avalancha de detalles del modelo no solo nos salvará de quedar sepultados por el alud, sino que nos dará una idea fundamental del modelo estándar. El LHC puede acelerar una corriente de protones (átomos privados de sus electrones) a velocidades muy elevadas para que después colisionen con otra corriente de protones que se mueve en sentido contrario, como cuando chocan frontalmente dos coches. Durante un tiempo inimaginablemente corto posterior a la colisión (hablamos de billonésimas de segundo), las partículas estables (como los quarks) se convierten en inestables y se regeneran como múltiples partículas nuevas; ocurre algo parecido a cuando gotas de agua calentadas a gran velocidad se convierten en gas en una cámara y después se enfrían al instante y recuperan su estado líquido.

Sin embargo, a diferencia de las gotas de agua así calentadas, la enorme cantidad de energía utilizada para acelerar las corrientes de protones a velocidades cercanas a la de la luz *también* se convierte en partículas en el momento de la colisión. Al añadir más energía, los protones no recuperan exactamente su estado original; la energía adicional trastorna el equilibrio complejo y estable de fuerzas de los protones originales. Una forma de concebir el proceso es que al añadir más energía los científicos crean *nuevos* tipos de partículas.

Estos experimentos llevados a cabo con el acelerador de partículas LHC han desvelado que el núcleo del átomo es básicamente un equilibrio vibrante y dinámico de fuerzas de alta energía, un equilibrio que, cuando se introducen nuevas fuerzas, se descompone y busca equilibrarse de nuevo. Se suele describir el modelo estándar como *interacciones fundamentales*, en oposición a lo que sería una teoría de partículas fundamentales. Ninguna de estas «partículas» (has podido ver algunos de sus nombres en la avalancha de términos a la que te he sometido) puede existir por sí sola. Todas existen solo en un equilibrio dinámico con otras fuerzas y partículas. Además, algunas de ellas (los bosones, por ejemplo) no son, estrictamente hablando, partículas, porque no tienen masa y, en su lugar, sirven para «llevar» fuerzas entre partículas que sí tienen masa.

Más allá aún de la idea de que la materia es solo energía que se encuentra en un vibrante equilibrio dinámico está la teoría de que una partícula en realidad solo es un estado *excitado* de un *campo* subyacente, una idea que se conoce habitualmente como teoría de campos o, cuando el comportamiento de estos campos se considera a nivel subatómico, teoría cuántica de campos. En lugar de tener que visualizar cómo una partícula colisionada se vaporiza en una niebla inestable de energía y después se recondensa en una forma nueva y estable, imaginemos que no hay partícula, que nunca la hubo, sino que las energías añadidas han provocado nuevas excitaciones en diferentes puntos del campo.

Es difícil de visualizar, lo sé. Pero pensemos que incluso con todos los asombrosos instrumentos utilizados para estudiar el átomo y los reinos subatómicos, los científicos nunca han podido «ver» ninguna de las partículas sobre las que teorizan; solo pueden *deducir* su presencia y sus propiedades a partir de datos experimentales. En el mundo del colisionador de partículas, los resultados de las colisiones experimentales son captados por detectores sensibles a la radiación de alta energía y la energía electromagnética. Estos detectores ofrecen imágenes espectaculares de lo que al ojo inexperto le parece una explosión. Lo que detectan son cuantos (paquetes de energía) que los golpean en los instantes posteriores a la colisión (figura 7).

Así pues, es lógico preguntar: ¿estos cuantos se emiten desde una partícula o desde la vibración de un campo? En el instante de la colisión, ¿una partícula se convierte momentáneamente en energía amorfa y después se reconstituye como otro tipo de partícula, o fue energía en todo momento? ¿Importa que ocurra una u otra cosa? La respuesta a la última pregunta es: realmente no. El descubrimiento de Einstein de la equivalencia entre la materia y la energía hace irrelevante la pregunta.

Como decía antes, las «partículas» llamadas bosones, concretamente los fotones y los gluones, no tienen masa. Incluso a las que *sí* la tienen, como los quarks, se las cuantifica como los electronvoltios de *energía* que contienen. El deseo de clasificar el reino subatómico en términos de partículas no es sino el reflejo de cómo interpretamos el mundo cotidiano tal como los sentidos lo revelan. Nos ocupamos de objetos separados. Tomamos el vaso. Lanzamos la pelota. Limpiamos el tenedor. Estamos predispuestos a visualizar el mundo subatómico de modo similar, pero ocurre que no existe ningún parecido.

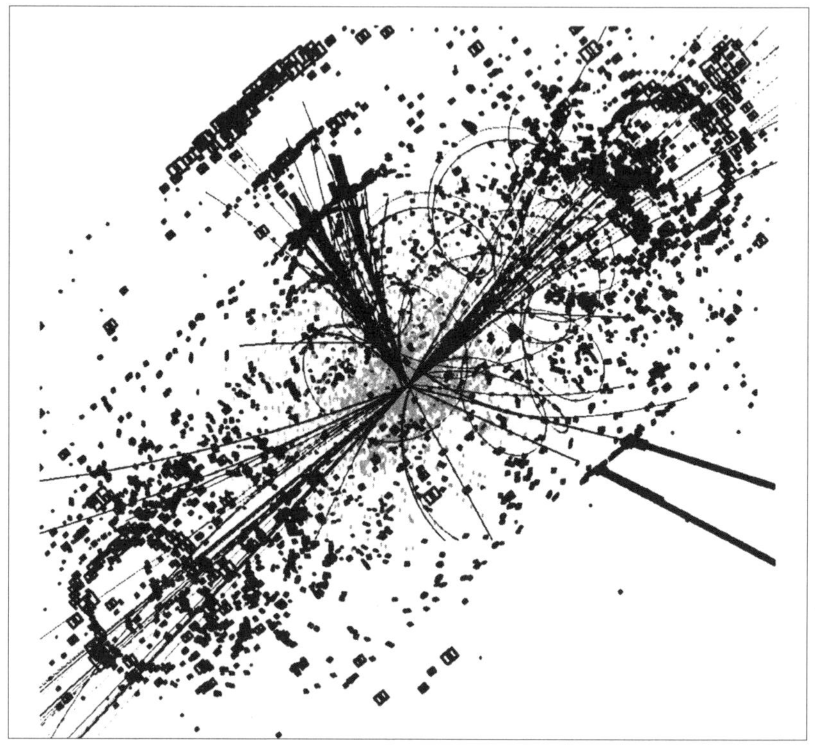

FIGURA 7. Imagen generada por ordenador de la creación de un bosón de Higgs en el gran colisionador de hadrones del CERN, en Suiza. Crédito de la foto: Creative Commons, CERN, http://cdsweb.cern.ch/record/628469.

En el párrafo anterior me he referido a la *masa*. Puede que te sorprenda saber que hasta la reciente confirmación de la existencia del hoy famoso bosón de Higgs, los físicos no tenían ninguna prueba demostrada que explicara por qué *cualquier* partícula, tanto si se consideraba materia como si se consideraba energía, tenía más masa que cualquier otra partícula.

En términos cotidianos, podemos decir que la masa es el peso de un determinado objeto. Entendemos que un centímetro cúbico de oro pesa más que un centímetro cúbico de carbono. Pero el peso es relativo a la gravedad. Un centímetro cúbico de oro en la Luna pesa menos —según el mismo sistema de medición— que un centímetro cúbico de oro en la Tierra, porque en la Luna la gravedad es seis veces menor que en la Tierra.

Por consiguiente, los científicos hallaron una forma de medir la masa que es independiente de la gravedad. La medición de la masa se convirtió en *la resistencia de un cuerpo a ser acelerado por una fuerza*. Por ejemplo, si tuviéramos un metro cúbico de oro y un metro cúbico de carbono flotando en el espacio —donde no hay gravedad ni resistencia del aire—, además de no tener que preocuparnos por la jubilación, para acelerar el metro cúbico de oro, pongamos por caso, un kilómetro por hora, tendríamos que aplicar más fuerza de la que tendríamos que aplicar al metro cúbico de carbono para acelerarlo un kilómetro por hora, lo cual demuestra que la masa del oro es mayor que la del carbono.

Pero ¿por qué? Pese a esta forma de determinar la masa de un objeto con independencia de la gravedad, los físicos de partículas tenían que explicar por qué la energía vibrante que adquiere la forma del patrón estable del oro debería presentar más resistencia a ser acelerada por una fuerza que la energía vibrante que adquiere la forma del patrón estable del carbono, dado que tanto el oro como el carbono no son más que energía.

Hablemos del bosón de Higgs y, más importante aún para nuestra exposición, el *campo de Higgs*. Las recientes apariciones de una billonésima de segundo del bosón de Higgs en los detectores del LHC no solo añadieron una especie confirmada más a las muchas exóticas especies del zoo de los aceleradores de partículas, sino que, lo que es más importante, también confirmaron a los físicos la existencia del campo de Higgs.

La teoría es que el campo de Higgs penetra *todo el espacio* y se cree que es lo que da masa a todas las partículas. Se han comparado las partículas subatómicas que se mueven por el campo de Higgs a objetos corrientes que se estuviesen moviendo por un entorno de melaza. Cuanto mayor fuese el objeto, más le costaría moverse por la melaza. De modo parecido, las partículas de mayor energía (con su correspondiente mayor masa) interactúan más con el campo de Higgs que las partículas con menos energía y, por lo tanto, necesitan más fuerza para moverse por el campo.

¿Por qué es importante que entendamos el campo de Higgs? Porque demuestra que incluso la masa —el peso, para usar un término vulgar—, la propiedad que parece darle a un objeto más «sustancia» que a otro, se debe simplemente a la interacción de la energía del átomo con la energía de un campo invisible: no hay más que energías que interactúan con energías.

Todo lo que percibimos, desde el mundo aparentemente sólido que nos rodea hasta la propia sensación de peso, es energía. La materia es, realmente, una ilusión propia de un espectáculo de luces. Y con *ilusión* no quiero decir que no exista, sino que no es lo que parece. Sabemos que el cine es una ilusión, pero no diríamos que no existe: ocurre sencillamente que no es lo que parece. Cuando vemos una película, los rayos de luz se reflejan en una pantalla y excitan los conos y bastones de nuestros ojos, y las ondas de sonido generadas artificialmente vibran en nuestros tímpanos. Juntos crean en el ojo de la mente la ilusión de un mundo «real». El mundo físico con el que actuamos a diario nos parece más real que una película porque los cinco sentidos, no solo la vista y el oído, participan en la ilusión.

> El mundo visible es la organización invisible de la energía.
>
> HEINZ PAGELS, antiguo director ejecutivo
> de la Academia de Ciencias de Nueva York[1]

El mundo físico aparentemente sólido y sustancial que nos rodea es una ilusión asombrosa y organizada de forma invisible propia de un espectáculo de luces, una intrincada danza de energía vibrante, muy diferente de lo que nuestros sentidos revelan, mucho menos sustancial de lo que experimentamos, mucho más evanescente de lo que creemos.

En la solidez aparente de la materia se oculta un baile fluido de energía. La fluidez esencial de la materia nos da la primera pista de cómo pueden ocurrir los milagros y otros fenómenos, como la telequinesia: el hecho de que la materia sea el resultado de la «organización invisible de la energía» apunta a la posibilidad de que esta organización invisible se pueda cambiar. La materia no es fija, no es una *cosa* permanentemente inmutable. (Volveremos a este punto más adelante).

A continuación, analizaremos otra visión de la realidad que la religión y la ciencia comparten: el universo físico, con su abrumadora enormidad, es una parte relativamente diminuta del cosmos. Hay mucha más realidad que la del reino tridimensional de la materia que nos es familiar. Los físicos llevan décadas teorizando que tiene que haber un reino bidimensional de energía de una vastedad inconcebiblemente mayor que nuestro universo físico. Y los santos y sabios hace tiempo que entendieron que este reino de pura energía es donde realmente se encuentran los cielos de los que hablan todas las religiones.

Capítulo 4

EL ENERGIVERSO Y LOS CIELOS

A lo largo del siglo xx y el actual siglo xxi, diversas ramas de la física han elaborado una visión de una enormidad asombrosa y predominantemente no material del cosmos, un cosmos del que nuestro inmenso universo físico es solo una parte pequeñísima. Las teorías actuales de la física, la teoría cuántica y, en especial, la teoría de cuerdas, relegan nuestro universo físico, que, como acabamos de ver, es fundamentalmente energía organizada en patrones estables, a la condición de *burbuja* pequeña, independiente y tridimensional dentro de un océano bidimensional y prácticamente infinito de energía, al que me gusta llamar el *energiverso*.

Los físicos no son los únicos en hablar de un cosmos mucho mayor y no material que se extiende más allá del universo físico. Santos, sabios y personas que han vivido experiencias cercanas a la muerte también describen mundos celestiales de energía pura: reinos luminosos no materiales que impregnan nuestro universo físico.

Los santos y sabios alcanzaron esta visión a través de la experiencia trascendente. Los físicos llegaron a esta idea porque se vieron obligados a concluir, por diversas razones, que la materia y la energía medibles de nuestro universo no pueden explicar plenamente el modo de comportarse de este. Cualquier modelo matemático que en sus ecuaciones solo incluya la materia visible y la energía medible sencillamente no *suma* el comportamiento real del universo.

En la primera parte del siglo xx, Einstein, mientras desarrollaba sus teorías de la gravedad (la de la relatividad general), se afanaba en explicar por qué la fuerza conjunta de la gravedad de todo el universo (consecuencia del efecto gravitacional conjunto de toda la materia cósmica) no provoca que el universo se contraiga. Las ecuaciones de Einstein, que solo tenían en cuenta los efectos gravitacionales de la materia observada del universo, apuntaban a que este debería contraerse con rapidez y, además, nunca debería haberse expandido hasta su tamaño actual, o incluso ni siquiera haberse formado.

Para que sus ecuaciones se correspondieran con la realidad, Einstein formuló la idea de una *constante cosmológica*, un nivel continuo de energía de fondo no detectada presente en el universo que contrarresta la fuerza conjunta de la gravedad de la materia. El valor matemático original que escogió para la constante cosmológica, al incluirla en sus ecuaciones de la relatividad general, mantiene el universo en estado estático: ni se contrae ni se expande.

Cuando posteriores descubrimientos de Edwin Hubble (1889-1953) demostraron que el universo se expande, Einstein confesó que su idea de una constante cosmológica había sido su mayor metedura de pata, porque se equivocó al dar por supuesto que el universo era estático. Error o no, y cualquiera que sea el valor correcto de la constante cosmológica que deba explicar lo que hoy sabemos que es un universo en expansión, la idea de que el universo contiene más energía de la que realmente se puede medir sigue siendo obligatoria en las ecuaciones de la relatividad general: sin ella, estas ecuaciones no se corresponden con el comportamiento calculado del universo.

En años posteriores del siglo XX, la física cuántica también postuló, por razones distintas de las de Einstein, que el universo ha de tener una energía de fondo omnipresente pero indetectable. La teoría de la física cuántica es que la energía de fondo, también llamada energía de *vacío cuántico* o de *punto cero*, existe en un *campo de energía* cuántico presente en todo el espacio. A diferencia del campo magnético más familiar, que se debilita con la distancia desde su fuente, se cree que el campo de energía cuántico tiene idéntica potencia en todo el universo.

La teoría es que el campo de energía cuántico es muy activo. Los físicos cuánticos piensan que parejas de partículas virtuales de carga opuesta aparecen constantemente en medio del espacio y después se aniquilan mutuamente en un tiempo demasiado corto para que se pueda medir. Esta idea llevó al profesor de la Universidad de Princeton, John Archibald Wheeler (1911-2008), eminente físico teórico y colaborador de Einstein, a describir poéticamente esta actividad incesante como *espuma cuántica*. Donde hay materia, como es nuestro caso en el planeta Tierra, hay un campo incesante de energía cuántica que da origen permanentemente a la materia.

Hay otro argumento que apoya la presencia de energía no detectada en el universo. Además de la constante cosmológica y la idea de un campo cuántico omnipresente, el descubrimiento inesperado en los años noventa de que el universo se expande a un ritmo progresivamente acelerado generó en los físicos la necesidad de una *energía oscura*. Los antiguos valores de la constante cosmológica, y las ideas de cómo funcionaba realmente esa constante, resultaron ser significativamente inadecuados para explicar cómo se podía *acelerar* el ritmo de expansión del universo. El simple incremento del valor de la constante cosmológica no conseguía que las ecuaciones de la relatividad se ajustaran a esta nueva realidad que se estaba tomando en consideración.

Investigaciones más profundas sobre la expansión acelerada del universo han derivado en el asombroso descubrimiento de que *toda la materia detectable del universo* solo explica el 4,9 % de la gravedad. Los físicos tuvieron que postular dos nuevas teorías para explicar el 95,1 % restante: la *materia oscura* y la *energía oscura*. Se especula con que la materia oscura forma una nube similar a un halo indetectable (hasta hoy) alrededor de las galaxias que según esta teoría explica el 26,8 % de la gravedad del universo. La energía oscura, también hasta hoy indetectable, se considera que es un tipo de energía que expande el universo y separa la materia (y según los cálculos actuales explica nada menos que el 68,3 % del efecto gravitacional observado del universo).

Otro de los argumentos sobre la presencia en el universo de más energía de la que se puede medir es la *teoría de cuerdas*. Esta teoría apareció en escena a mediados del siglo xx y postula la existencia de un reino inmenso, invisible y omnipresente que interpenetra el universo físico en todos sus puntos. Se cree que este reino invisible está lleno de diminutos anillos y cuerdas de energía bidimensionales que vibran a frecuencias muchísimo más pequeñas que las que nuestros instrumentos físicos pueden medir; se piensa que estos anillos y cuerdas son mucho más pequeños respecto al núcleo de un átomo que lo pequeño que es el núcleo de un átomo respecto al cuerpo humano. La teoría de cuerdas postula que *todo* lo que existe en el universo surge de este mar bidimensional de anillos y cuerdas infinitamente pequeños de energía vibrante, que forman toda la materia, toda la energía medible, toda la gravedad, incluso el propio espacio.

Todas estas teorías —la constante cosmológica de la relatividad, la espuma cuántica de la física cuántica, la energía oscura de la física cosmológica y los anillos y cuerdas de la teoría de cuerdas— indican que el universo está bañado por energías que influyen significativamente en su funcionamiento. Como bien puede apreciarse por la desmesurada contribución del 68,3 % de la energía oscura al efecto gravitacional del universo y por la afirmación de la teoría de cuerdas de que *todo* es el resultado de anillos y cuerdas vibrantes invisibles, estas teorías apuntan a que la energía es mucho más importante que la materia en la creación y la presencia continua del universo. Se cree cada vez más que todo el universo, y toda la materia que contiene, es un *pequeño subproducto* de las interacciones del inconmensurablemente mayor energiverso. La idea del energiverso de la teoría de cuerdas es que este es tan inmenso que en él caben millones y millones más de universos de burbujas de energía tridimensionales. Es posible que nuestro universo sea uno más entre otros muchos.

De todas las ramas de la física que postulan el energiverso, la que tiene en él su principal objetivo es la teoría de cuerdas. Esta teoría llegó debido a las matemáticas, o, más exactamente, *problemas* matemáticos llevaron a su advenimiento. La teoría de cuerdas intenta resolver un misterio perdurable y perturbador: dos de los sistemas matemáticos más importantes de la física —la relatividad general y la teoría cuántica— son, matemáticamente, incompatibles.

Tal incompatibilidad es un gran problema. Que dos de las ramas más importantes de la física sean matemáticamente incompatibles es como si dos importantes lenguas del mundo, por ejemplo, la china y la inglesa, fueran intraducibles entre sí.

La física *depende* de las matemáticas: para la investigación, para el análisis y para la confirmación teórica. Las matemáticas son el lenguaje universal de la física. Para los científicos sigue siendo un misterio la capacidad que tienen las matemáticas de describir con tanta precisión la estructura y las formas de comportarse de la realidad, pero es imposible ser físico y no percatarse de que así es. Esta conformidad de las matemáticas con la realidad motiva a muchos físicos, incluso a ateos confesos, a especular con ánimo cercano a la mística:

El milagro de la adecuación del lenguaje de las matemáticas para la formulación de las leyes de la física es un maravilloso regalo que no entendemos ni merecemos.

EUGENE WIGNER, premio Nobel de Física[1]

Es imposible evitar la sensación de que estas fórmulas matemáticas tienen una existencia independiente y una inteligencia propia, que saben más que nosotros, más incluso que sus descubridores.

HEINRICH HERTZ, el primero en demostrar
la existencia de las ondas electromagnéticas[2]

Tal vez se podría describir la situación diciendo que Dios es un matemático de alto rango, y utilizó matemáticas muy avanzadas para construir el universo.

PAUL DIRAC, premio Nobel de Física y matemático[3]

Es lógico que los físicos se sientan perplejos y preocupados por que dos sistemas fundamentales de la física —la relatividad general y la física cuántica— hayan resistido todos los intentos de integración matemática.

La teoría de la relatividad general, liderada, entre otros, por Einstein, se ha ramificado en ecuaciones que llenan cientos de volúmenes. Estas ecuaciones tienen su mejor aplicación para grandes escalas astronómicas y sirven perfectamente para comprender las consecuencias *reales* del *big bang* o los agujeros negros. Asimismo, la teoría cuántica, con Max Planck y Niels Bohr al frente, entre otros, también se ha ramificado en ecuaciones que llenan cientos de volúmenes. La mayor utilidad de las ecuaciones de la teoría cuántica se da en escalas subatómicas diminutas, y se utilizan con éxito para explicar las consecuencias *reales* de las reacciones nucleares o las interacciones en los colisionadores de partículas.

Cuando los físicos cuánticos intentan usar su sistema de ecuaciones para explicar, por ejemplo, la gravedad, se encuentran con que esta debería ser muchísimo más fuerte que la realidad observada. Del mismo modo, cuando las ecuaciones de la relatividad general se aplican a fenómenos subatómicos, dan respuestas imposibles que no coinciden ni remotamente con ninguna realidad observada.

La teoría de cuerdas pretende resolver el problema de integrar estos dos sistemas desarrollando unas matemáticas más profundas subyacentes en ambos, algo parecido a encontrar una solución a mi hipotético problema lingüístico por medio de crear una tercera lengua que se pudiera traducir tanto al chino como al inglés, tendiendo así un puente entre ambas.

Una de las muchas incompatibilidades entre las ecuaciones de la relatividad general y de la teoría cuántica, que la teoría de cuerdas resuelve, es la enorme diferencia que hay entre los cálculos destinados a determinar cuánta energía existe en el espacio. Usando las ecuaciones de la relatividad, los físicos calculan que en un metro cúbico de espacio hay 10^{-9} julios (el julio es una unidad de energía).[4] Con las ecuaciones de la mecánica cuántica, se ha calculado que en un metro cúbico de espacio hay 10^{113} julios.[5] ¡Menuda diferencia! ¡Los cálculos difieren en un orden de magnitud de 122!

Si los cálculos de mayor cantidad de energía de la física cuántica fuesen correctos, veríamos que el universo se comportaría de forma muy distinta de la que calcula la relatividad, pero ocurre que se comporta como si los cálculos de menor cantidad de energía en el espacio de la relatividad fueran correctos. Pero si son correctos los cálculos de la teoría cuántica de que en el tejido del espacio existe muchísima más energía —y pocos dudan de que así sea—, eso significa que la energía tiene que estar *en algún sitio*.

La «teoría M», la versión más aceptada de la teoría de cuerdas, intenta conciliar la diferencia entre los dos cálculos postulando que la mayor cantidad de energía que calcula la teoría cuántica realmente existe en algún otro sitio: en *extradimensiones* que están más allá de las cuatro dimensiones de las que se ocupa la relatividad general (tres dimensiones de espacio y una de tiempo) y más allá de la capacidad de detección de nuestros sentidos y de los instrumentos más sofisticados. Según esta teoría, las tres dimensiones de nuestro universo físico inconmensurablemente grande son las dimensiones *más pequeñas* del cosmos.

Según la teoría M, todas las dimensiones existen en las llamadas *branas*, una palabra extraña que en inglés (*brane*) se confunde fácilmente con *brain*, 'cerebro', pero a la que los científicos se han acostumbrado, de modo que también nosotros tenemos que acostumbrarnos a ella. La palabra es una abreviación de *membrana* y se utiliza para indicar una barrera o frontera que divide o cerca, manteniendo los contenidos de una zona separados de otras zonas. La teoría M postula que hay *branas* relativamente pequeñas que son *tridimensionales*, como nuestro universo, y otras regiones supergrandes que son *bidimensionales* —que en su conjunto componen el *mundo de branas*— a las que familiarmente llamamos el *cosmos*.

Volveremos al tema de las branas bidimensionales enseguida, pero antes veamos qué tiene que decir la teoría M sobre la brana tridimensional que conocemos como nuestro universo.

Según la teoría M, hay una clase especializada de branas tridimensionales llamadas *D-branas*. Las propiedades de una D-brana la convierten en una región independiente tridimensional. Es independiente porque es imposible *viajar* fuera de una D-brana y *observar* nada fuera de una D-brana. Por esto los teóricos M afirman que estamos *atascados* en nuestro universo D-brana. Dicho de otro modo, las propiedades de una D-brana tridimensional implican que nunca podremos viajar en naves espaciales a otras branas ni detectarlas con instrumentos físicos que dependan de la energía electromagnética como la luz visible. Es como si el universo fuera una casa de espejos: cuando intentamos ver lo que hay fuera, solo podemos ver el reflejo de lo que hay dentro.

Las complejas leyes de la relatividad explican cómo funciona una D-brana.

Una de estas complejas leyes de la relatividad es que nuestro universo no tiene borde. Si alguien iniciara un viaje de miles de millones de años en una nave espacial que pudiera viajar a la velocidad de la luz —suponiendo que pudiera vivir miles de millones de años y dispusiera de suficiente material de lectura para pasar el rato—, aunque siguiera siempre una línea recta a partir de la Tierra, *nunca* llegaría a ningún borde. La razón es que *la gravedad curva el espacio*, y la gravedad conjunta de nuestro universo tuerce este y le da una *forma* que desafía a la visualización. Cuando nuestro viajero hubiera leído las obras completas de Shakespeare (por diezmillonésima vez), siempre creyendo que llevaba miles de millones de años viajando en línea recta, en realidad se habría estado moviendo por una vía curva, un camino que nunca le permitiría llegar a ningún límite.

Más asombroso aún quizás es que, dondequiera que nuestro leído viajero se encontrara en el universo, *siempre le parecería estar en el centro*. Estuviera donde estuviese, le parecería que todo lo demás se alejaba de él, como si ese punto en que se encontrara fuera el de inicio de una explosión. La razón es que el espacio se expande *a la vez en todas partes*. La distancia entre todas las estrellas aumenta constantemente, como los puntos de un globo que se van alejando entre sí a medida que se va inflando.

Aunque el espacio se expande inexorablemente, en el transcurso de la vida humana las distancias a nuestras estrellas más cercanas no cambian de modo significativo. Si una estrella estuviese a un año luz de la Tierra y otra a dos años luz, en un año, por ejemplo, la segunda se habría alejado de la Tierra el doble que la primera, pero el alejamiento de ambas no sería apreciable salvo con instrumentos exquisitamente calibrados. Sin embargo, una estrella que estuviese a mil años luz de la Tierra se habría alejado mil veces más en el mismo tiempo. Una estrella que esté a miles de millones de años luz de nosotros realmente se aleja a velocidades inimaginablemente mayores que las de las estrellas que tenemos más cerca. En consecuencia, la expansión uniforme del espacio nos produce la impresión de que, cualquiera que sea el punto del universo en que nos encontremos, estamos en el centro, porque todas las estrellas, en cualquier dirección que miremos, se alejan de nosotros.

La impresión de que estamos en el centro del universo se intensifica por el hecho de que los objetos más lejanos que vemos, cualquiera que sea el punto del universo en que nos encontremos, siempre parecen ser los más viejos. La razón es que la luz partió de ellos hace más tiempo. En cambio, si pudiésemos viajar en un instante a una de esas estrellas «más viejas», la impresión sería la opuesta, es decir, los objetos más alejados, *desde* los que habríamos viajado de forma instantánea, *ahora* parecerían ser los más viejos.

Resumiendo, el espacio se curva; no tiene bordes. Dondequiera que uno esté en el universo, le parecerá que está en el centro; y los objetos más alejados siempre serán los que se alejen de uno a mayor velocidad. Intentar visualizar las implicaciones de la relatividad produce vértigo, porque nuestro universo tridimensional, burbuja de energía y D-brana, es una ilusión y está determinado profunda y engañosamente por el energiverso bidimensional que lo crea y mantiene.

La D-brana deriva del modelo matemático de la teoría M que incorpora las leyes de la relatividad; el continuo espacio-tiempo de la relatividad, con todas sus asombrosas cualidades, es la D-brana de la teoría de cuerdas. Pero según la teoría M, para que nuestro universo independiente, tridimensional, D-brana y burbuja de energía exista, y se comporte como se comporta según las matemáticas generales de la teoría de cuerdas, tiene que haber otras branas supergrandes *bidimensionales* de energía pura muchos millones de veces mayores que el universo físico.

Dependiendo de los supuestos matemáticos, el número de branas supergrandes y bidimensionales que postulan los teóricos de cuerdas varía entre los diferentes *escenarios de mundos brana*. Según la teoría M, el número de branas supergrandes normalmente es siete. Al conjunto de todas estas dimensiones extra y supergrandes los físicos lo llaman *bulk*, 'sustrato' (como cuando se habla del sustrato del cosmos. El término *sustrato* de la teoría M corresponde a mi término *energiverso*. La palabra *sustrato* [*bulk*] dice poco sobre sus verdaderas cualidades, en especial que está hecho de energía. En física los cambios se suceden a gran velocidad, por lo que cuando se pulen las teorías o se realizan nuevos descubrimientos, denominaciones como *sustrato* aparecen y desaparecen. *Energiverso* es un término más general, pero acorde con el sentido de los descubrimientos de los siglos XX y XXI).

Aunque ni nuestros sentidos y ni siquiera los instrumentos científicos más sensibles lo perciban, las energías de alta frecuencia del energiverso *interpenetran* nuestro universo D-brana en todos sus puntos. La tridimensionalidad de nuestro universo burbuja D-brana es independiente —no podemos salir de él ni asomarnos fuera—, pero las energías bidimensionales del energiverso lo impregnan como el agua impregna una esponja.

No podemos medir las energías de alta frecuencia del energiverso porque sus longitudes de onda son demasiado pequeñas para que las detectemos, pero la física cuántica y la teoría de cuerdas aciertan en que si estas energías de alta frecuencia no estuvieran presentes, el universo sencillamente se desvanecería. Todos los átomos del universo, incluso el propio espacio, dependen de que exista el energiverso de alta frecuencia.

La parte del energiverso que impregna nuestro universo es el misterioso reino de Potentia de Heisenberg, la fuente de la *espuma cuántica* de Wigner (de la que nace la materia) y el mar de anillos y cuerdas de la teoría de cuerdas de los que se forman toda materia y espacio. Del mismo modo se puede decir que la alta frecuencia del energiverso es la fuente de la energía de fondo de la constante cosmológica de Einstein que aporta el 68 % de la energía oscura al efecto gravitacional del universo.

El energiverso también es, en mi opinión, la sede de los cielos de todas las tradiciones religiosas, donde vivimos después de la muerte, donde moran los seres angélicos. Las cualidades esenciales del energiverso —que es casi infinito, que existe *más allá* del universo físico y que solo contiene energía vibrante no material, bidimensional y de alta frecuencia— coinciden asombrosamente bien con las descripciones de los cielos, o *regiones astrales* luminosas, de las que hablan cientos de santos, sabios y personas que han vivido experiencias cercanas a la muerte.

La primera reacción ante la posibilidad de la existencia de vida en un mundo bidimensional puede ser de perplejidad y negación de que la vida en ese mundo pueda ser remotamente deseable, y no digamos celestial. Es fácil imaginarse a uno mismo aplastado e incapaz de moverse, como un naipe en una baraja. Nuestra familiaridad con la tridimensionalidad del espacio nos lleva a pensar instintivamente que una existencia bidimensional sería no solo indeseable sino sencillamente imposible.

Sin embargo, lo más importante que hay que recordar es que la vida en una brana bidimensional estaría compuesta de energía pura. Las descripciones del cielo de los santos, sabios y quienes han vivido experiencias cercanas a la muerte apuntan a que es *como* nuestro mundo físico, pero más fino, no material y sin limitaciones de espacio, tiempo ni materia:

> Del mismo modo que en la pantalla del cine parece que las personas se mueven y actúan mediante una serie de imágenes luminosas, y en realidad no respiran, los seres astrales caminan y actúan como imágenes de luz guiadas y coordinadas con inteligencia.
>
> SRI YUKTESWAR, maestro de yoga[6]

> El cielo es un mundo muy parecido al nuestro salvo por el hecho de que en él no existen el tiempo ni el espacio tal como los entendemos. El cielo existe en una dimensión superior de energía. Los reinos superiores son un mundo de belleza inefable.
>
> NORA SPURGIN, investigadora de las experiencias cercanas a la muerte (ella misma ha tenido una)[7]

El universo astral, compuesto de diversas vibraciones sutiles de luz y color, es cientos de veces mayor que el cosmos material.

SRI YUKTESWAR, maestro de yoga[8]

El tiempo que había conocido se detuvo; se me antojó que, de un modo u otro, pasado, presente y futuro se fundían en una unidad intemporal de vida. Descubrí que todas las reglas físicas de la vida humana no eran nada en comparación con esta realidad unitiva.

GEORGE RODONAIA, protagonista de una experiencia cercana a la muerte[9]

C. G. Jung (1875-1960) habla en su libro autobiográfico *Recuerdos, sueños, pensamientos* de experiencias cercanas a la muerte que tuvo en 1944 mientras estaba hospitalizado por un infarto. Eran momentos de éxtasis y profunda libertad. En las semanas posteriores a su primera experiencia, aún convaleciente en el hospital, tuvo visiones dichosamente trascendentes por la noche y, durante el día, dificultades para reincorporarse a su cuerpo físico:

Es imposible expresar la belleza e intensidad de lo que sentía durante esas visiones. Eran lo más grande que jamás haya vivido. Y el contraste con el día era enorme: me sentía atormentado y con el alma en vilo, todo me irritaba, todo era demasiado material, burdo y ordinario, terriblemente limitado tanto desde el punto de vista espacial como espiritual. Estaba apresado, por razones difíciles de determinar; sin embargo, había una especie de poder hipnótico, una coagencia, como si fuera la propia realidad, por la plena percepción que tenía de su vacío. Volví a creer en el mundo, pero desde entonces nunca me he liberado de la impresión de que [...] esta vida es un fragmento de existencia que se desarrolla en un universo tridimensional similar a una caja especialmente dispuesta para tal fin.[10]

Podría seguir con más testimonios. La literatura de personas que han vivido experiencias cercanas a la muerte y experiencias espirituales trascendentes está llena de estas descripciones. Los cielos o regiones astrales, lejos de estar asociados a un estado indeseable y no natural, son descritos como algo consistente y resplandeciente, versiones inconmensurablemente más hermosas y exquisitas del mundo que conocemos. El tiempo no fluye como lo experimentamos aquí. El movimiento no se rige por las leyes de Newton ni por la velocidad de la luz de Einstein. La realidad del cielo es mucho más sutil, flexible y mutable que nuestra existencia física, pero se siente como incuestionablemente real: la mayoría de quienes lo han vivido aseguran que parece mucho *más* real que nuestro mundo físico.

Las cualidades de las branas bidimensionales no solo son coherentes con las descripciones de los cielos o las regiones astrales, sino que hay otro aspecto de la teoría de las branas que se ajusta a esas descripciones: la estructura en capas. Toda brana, tal como la suponen matemáticamente los físicos, posee una serie exclusiva de propiedades y condiciones, las necesarias para que los efectos conjuntos de *todas* las branas *sumen* los comportamientos observados del espacio, el tiempo y la materia de nuestro universo D-brana tridimensional.

Los físicos cuánticos describen a veces el *sustrato* como un pan cortado en rebanadas branas individuales, cada una con sus propias partículas. (Si cada brana tuviera las mismas propiedades y condiciones limítrofes que las demás, no habría necesidad de branas separadas). Una propiedad importante que los físicos deben determinar para cada rebanada brana del sustrato es su densidad de energía, es decir, las frecuencias o longitudes de onda de las energías contenidas en la brana. Se puede decir que, en estos diversos escenarios de mundos brana, las branas *vibran* en frecuencias sucesivamente superiores. Esta estructura de frecuencia encaja, también asombrosamente bien, con las múltiples capas, niveles o reinos del cielo de los que hablan los santos y sabios iluminados y quienes han tenido experiencias cercanas a la muerte.

En la tradición cristiana hay muchas referencias bíblicas a los múltiples cielos:

En la casa de mi Padre hay muchas moradas; si no fuera así, os lo habría dicho; porque voy a preparar un lugar para vosotros.

JUAN, 14: 2

Conozco a un hombre en Cristo, que hace catorce años (si en el cuerpo, no lo sé; si fuera del cuerpo, no lo sé; Dios lo sabe) fue arrebatado hasta el tercer cielo.

2 CORINTIOS, 12: 2-4

Mas ¿quién será capaz de edificarle casa, siendo que los cielos y los cielos de los cielos no pueden contenerlo?

2 CRÓNICAS, 2: 6

En el judaísmo, en las enseñanzas de la cábala hay una larga tradición de misticismo. Entre las experiencias trascendentes de las que hablan sus protagonistas, en la cábala hay visitas a diez sutiles reinos angélicos, que existen dentro de diez emanaciones de Luz que crean constantemente el reino físico y una sucesión de reinos superiores. Las diez emanaciones de Luz se conocen como *Sefirot*. De cada emanación de Luz se dice que es progresivamente más refinada, sutil y superior.

Una de las principales festividades religiosas del islam, la *Lailat Miraj*, celebra la ascensión de Mahoma a través de siete cielos, tal como se describe en la *hadij*. Mientras su cuerpo duerme, Mahoma es ascendido a siete reinos progresivamente más excelsos, cada uno con sus propios fines y cualidades.

También el budismo, incluidos el zen y el tibetano, cree en una jerarquía de reinos. En algunas tradiciones hay diez reinos: el nuestro físico, más otros nueve reinos celestiales a través de los cuales las almas se reencarnan en su recorrido kármico. Las descripciones de los cielos hindúes contienen siete reinos jerárquicos o *lokas*, cada uno más sutil que el anterior, empezando por el *Bhuvar Loka*, el mundo físico, y terminando en el *Satya Loka*, el cielo superior.

Las personas que han vivido experiencias cercanas a la muerte hablan también de cielos jerárquicos:

> Había muchos cielos diferentes [...] unos encima de otros como tortitas y dispersos por todo el superuniverso de Dios.
>
> CHRISTIAN ANDRÉASON, protagonista de
> una experiencia cercana a la muerte[11]

Estas diversas descripciones del cielo concuerdan con los varios escenarios de branas de la teoría de cuerdas donde el sustrato está «rebanado» en branas bidimensionales que tienen distintas propiedades y diversas frecuencias de energía. Los propios físicos no se privan de especular sobre cómo sería la vida sintiente en tales condiciones. Para la película *Interstellar*, de 2014, el eminente teórico de cuerdas Kip Thorne ayudó a determinar la idea de *seres sustrato* que viven en reinos dimensionales superiores.

Es comprensible que la mayoría de las personas equiparen la vida con tener un cuerpo físico, y la realidad, con lo que los sentidos del cuerpo físico revelan. Pero si, como convienen todos los santos y sabios iluminados de todas las religiones, después de la muerte sigue viviendo una esencia más sutil de nosotros mismos, ello es indicativo no solo de que viviremos en otro reino sino también de que viviremos en él *sin* cuerpo físico:

> Pero si a lo largo de miles de años los profetas han dicho la verdad, el hombre es en esencia una naturaleza incorpórea, sometido solo temporalmente a la percepción de los sentidos.
>
> PARAMAHANSA YOGANANDA, maestro de yoga[12]

Las energías de alta frecuencia del energiverso no pueden ser detectadas por los instrumentos físicos, pero las matemáticas de la teoría M revelan que impregnan el universo físico. El energiverso interpenetrante es el reino de Potentia del que surge toda la materia, la causa de la espuma cuántica y la fuente de la energía oscura y los anillos y cuerdas vibrantes que componen toda la materia, así como el propio espacio. Las matemáticas de la teoría M dicen que el energiverso sostiene el universo físico tridimensional: si el energiverso dejara de existir, el universo físico se desvanecería en un instante.

Nuestro universo es como una burbuja llena de aire en un océano de agua. El *big bang* es el momento en que nuestro universo burbuja D-brana estalla y empieza a existir y llenarse de espacio, tiempo y materia. Nuestro ilusorio universo deslumbrante es una burbuja de energía de baja frecuencia llena de espacio y tridimensional en un mar de energía de frecuencia superior.

El universo lumínico y deslumbrante no solo no es lo que parece, sino que es tan solo una pequeña parte de un cosmos mucho mayor. No podemos detectar directamente el cosmos mayor porque las leyes de la relatividad, como la superficie brillante y reflectante de una pompa de jabón vista desde dentro, solo nos muestran el reflejo de lo que hay en el interior de nuestro universo burbuja.

Sin embargo, afortunadamente los santos, sabios y personas que han vivido experiencias cercanas a la muerte no están limitados por los sentidos ni las leyes de la relatividad, y pueden trascender de la burbuja y la casa de espejos. Hablan por experiencia de lo que los físicos deducen matemáticamente. En estado trascendente ven las rebanadas-brana del pan-sustrato como múltiples capas del cielo adecuadas a la vibración exclusiva de cada uno que llega allí después de la muerte.

La experiencia trascendente es que la vida en un reino bidimensional de energía pura no tiene nada de imposible, y muchísimo menos de indeseable, y que en realidad refleja lo que *realmente somos* mucho mejor que lo que el mundo físico jamás podrá reflejar. Es una experiencia de inmensa y dichosa liberación respecto de las limitaciones de la solidez tridimensional y de feliz absorción en mundos armoniosos y de luminosa hermosura.

Capítulo 5

EL CIELO ES UN HOLOGRAMA

Según muchos santos y sabios iluminados y personas que han vivido experiencias cercanas a la muerte, los cielos no son solo el destino que nos espera cuando muramos, sino que encarnan la *forma ideal* del universo físico. Estas personas atestiguan, por propia experiencia, que los cielos contienen una plantilla *perfecta* de lo que solo *imperfectamente* se manifiesta como el universo físico.

Emanuel Swedenborg (1688-1772), eminente erudito y místico cristiano, tuvo durante muchos años experiencias trascendentes y transformadoras de los cielos. Swedenborg fue en sus inicios en Suecia científico e inventor, un dato de especial relevancia para los fines de este libro. Abrió numerosos caminos en los ámbitos de la geometría, la química, la metalurgia, la anatomía y la fisiología, y fue ampliamente reconocido como un genio de la ciencia. A los cincuenta y dos años, dirigió su mente inquisitiva hacia realidades más sutiles. Sus investigaciones le condujeron a numerosas experiencias trascendentes que se prolongaron casi treinta años. Uno de sus descubrimientos fue que los cielos son la plantilla del mundo natural; se refiere a la conexión entre cielo y tierra como una *correspondencia*:

En una palabra, absolutamente todo lo que existe en la naturaleza, de lo más pequeño a lo más grande, es una correspondencia. La razón de que existan correspondencias es que el mundo natural, con todo lo que contiene, surge del mundo espiritual y es sostenido por este, y ambos mundos proceden de lo Divino.[1]

En las religiones orientales se encuentra el concepto de mundos astrales:

Del mismo modo que en el espacio vagan soles y estrellas físicos, también hay incontables sistemas solares y estelares astrales. El mundo astral es infinitamente bello, limpio, puro y ordenado.

SRI YUKTESWAR, maestro de yoga[2]

Los planos de todo lo que hay en el universo físico han sido concebidos astralmente: todas las fuerzas de la naturaleza, incluido el complejo cuerpo humano, se han creado antes en ese reino donde las relaciones causales de Dios son visibles en forma de luz celestial y energía vibratoria.

PARAMAHANSA YOGANANDA, maestro de yoga[3]

Personas que han tenido experiencias cercanas a la muerte hablan de algo parecido:

Todo fue creado de materia espiritual antes de que fuera creado físicamente: los sistemas solares, los soles, las lunas, las estrellas, los planetas, la vida que habita en los planetas, las montañas, los ríos, los mares, etc. Vi este proceso, y después, para que lo entendiera mejor, se me dijo [...] que la creación del espíritu se podía comparar a un revelado fotográfico; la creación espiritual sería como la fotografía clara y brillante, y la Tierra sería el negativo. Esta Tierra solo es una sombra de la belleza y la gloria de su creación espiritual.

BETTY J. EADIE, autora de He visto la luz[4]

Muchos físicos tienden a considerar con sumo escepticismo las revelaciones trascendentes de las personas que acabo de citar, y seguramente negarían que haga falta alguna plantilla celestial para explicar por qué el universo físico se formó como se formó, pero pocos físicos negarían que vivimos en un universo perfectamente creado para la existencia de vida inteligente. Tan perfecto que a veces se lo define como *universo Ricitos de Oro*, un universo con las debidas condiciones. Como en el cuento, nuestro universo sencillamente «está bien»:

> Bastaría con alterar un valor para que el universo no pudiera existir [...] Las probabilidades desfavorables para la existencia del universo son de tan abrumadora vastedad astronómica que la idea de que todo sencillamente «ocurrió» desafía el sentido común. Sería como lanzar una moneda al aire y que saliera cara diez cuatrillones de veces seguidas. ¿Puede ser?
>
> ERIC METAXAS, autor de Miracles: What They Are,
Why They Happen, and How They Can Change Your Life[5]

Es evidente que las probabilidades en contra de que nuestro universo se formara como lo hizo, junto con las probabilidades en contra de que la vida inteligente surgiera de la materia inerte una vez que el universo se formase tal como lo hizo, son increíblemente altas. Pero, a pesar de las pruebas relativamente nuevas y en aumento de la exquisita conjunción de condiciones necesaria para producir vida inteligente, muchos científicos siguen pensando que absolutamente todo lo que hay en la creación es el resultado último de una larga cadena de eventos puramente casuales, desde el nacimiento del universo hasta el primer organismo unicelular y las obras de Shakespeare.

El azar frente al orden es una de las divisiones más importantes entre la ciencia y la religión. Un principio fundamental de la religión es que el cosmos fue obra de un Creador inteligente. Los materialistas científicos, por otro lado, sin ver ninguna prueba directa de tan colosal inteligencia en las interacciones entre la energía y la materia, insisten en que el cosmos tuvo que formarse como lo hizo de forma accidental debido a una serie de eventos causales de duración eónica.

El azar frente al orden es una de las discrepancias fundamentales entre la ciencia y la religión, pero es menos sabido que *dentro* de la propia ciencia se puede encontrar la misma discrepancia entre el azar y el orden: no todos los científicos ni todas las teorías científicas aceptan la casualidad. A un lado de esa división están los científicos que creen que la realidad es indeterminada y se formó por obra del azar. Al otro lado, los que piensan que la realidad está determinada y se formó como se formó de acuerdo con un *orden oculto*.

Estos dos puntos de vista científicos diametralmente opuestos —el azar indeterminado frente a la determinación por parte de un orden oculto— se pueden ver con mayor claridad en las denominadas *interpretaciones* de la física cuántica. Hay unas doce, y se dividen al 50 % entre el indeterminismo y el determinismo.

En general, cada interpretación de la física cuántica da una explicación distinta de sus diversos descubrimientos contraintuitivos, conocidos popularmente como *rarezas cuánticas*. Hay tres descubrimientos científicos que ilustran perfectamente la rareza cuántica: la dualidad onda-partícula, el principio de incertidumbre y la paradoja del observador inteligente.

La dualidad onda-partícula

El primer descubrimiento contraintuitivo de la física cuántica fue el comportamiento a lo Jekyll-Hyde de la naturaleza: la energía se puede comportar como materia y la materia como energía. La luz se puede comportar como ondas o como partículas. Los átomos se pueden comportar como partículas o como ondas. Con el reconocimiento de la dualidad onda-partícula (como se denominó), los físicos empezaron a usar la expresión *onda de materia* para referirse tanto a la energía como a los átomos, en lugar de especificar si algo es una partícula o una onda.

El principio de incertidumbre

Poco después de que el doctor Jekyll y míster Hyde dejaran a los físicos con la boca abierta, se produjo otro descubrimiento desconcertante. Los físicos descubrieron que la medición de un átomo solo podía revelar con exactitud una de dos propiedades complementarias. Por ejemplo, se podía saber con certeza dónde estaba un átomo (la posición) o se podía averiguar adónde iba y a qué velocidad (el momento). Pero nunca se podía saber con certeza la posición y el momento *al mismo tiempo*. Cuanto más se sabe de una de estos dos datos menos se sabe del otro. Este dilema se conoce como principio de incertidumbre, o indeterminación, de Heisenberg.

La paradoja del observador inteligente

Unida al descubrimiento de la dualidad onda-partícula de la naturaleza y el principio de incertidumbre de Heisenberg estaba la *paradoja del observador inteligente*: el hecho desconcertante de que una onda de materia adopta el comportamiento de la materia solo cuando la mide un observador inteligente. Esto, como veíamos en el capítulo uno, desconcierta hasta hoy a la mayoría de los físicos, y de quienes no lo son.

La interpretación más conocida de estos tres descubrimientos contraintuitivos es la interpretación de Copenhague, así llamada por la ciudad natal de Niels Bohr, el padre de la física cuántica y principal exponente de la interpretación. Más o menos dice así: hay que acostumbrarse. Así son las cosas. No tiene sentido preguntarse por qué. En la formación de la materia son necesarios los observadores inteligentes. Aceptemos que la realidad es rara. Lo único que podemos conocer son los resultados finales de las observaciones y la exactitud de las matemáticas. Nada hay detrás de la cortina. No existe ninguna realidad más profunda. La realidad es fundamentalmente rara, indeterminada y casual.

> No sigas diciéndote, si tienes algún modo de evitarlo, «pero ¿cómo puede ser?», porque te meterás en un atolladero, en un callejón sin salida del que nadie ha escapado aún. Nadie sabe cómo puede ser así.
>
> RICHARD FEYNMAN, físico y premio Nobel[6]

Creo que la interpretación de Copenhague y otras de orientación similar son *pragmáticas*. Se pueden resumir con el popular dicho de la física «calla y calcula». Con estas interpretaciones pragmáticas los científicos pueden reconocer que la realidad tiene aspectos extraños, como la necesidad de un observador inteligente, pero al mismo tiempo pueden minimizar su importancia. En lugar de explicar los aspectos raros de la realidad, agrupan la necesidad de un observador inteligente con la *no localidad* y el *entrelazamiento*, un agrupamiento al que llaman rareza cuántica, y se olvidan.

La interpretación de Copenhague es una afirmación de la idea del materialismo científico de que todo lo que existe, o vaya a existir, es el resultado de interacciones casuales entre la materia y la energía, que la realidad es el producto accidental de fuerzas indeterminadas. No deja lugar para que los cielos, ni nada que se les parezca, desempeñen un papel orientador en la formación del universo.

La interpretación de Copenhague ganó aceptación en los años veinte y treinta del pasado siglo, pero muchos eminentes científicos buscaban un orden más profundo que el que permitía el pragmatismo de esa interpretación. Son famosas las palabras de Einstein al referirse al indeterminismo casual de la interpretación de Copenhague. En una carta dirigida al físico y premio Nobel Max Born (1882-1970) en 1926, expresaba:

> La mecánica cuántica es realmente imponente. Pero una voz interior me dice que aún no es la buena. La teoría dice mucho, pero no nos aproxima realmente al secreto del «viejo». Yo, en cualquier caso, estoy convencido de que Él no juega a los dados.[7]

Einstein estaba convencido de que la interpretación de Copenhague tenía fallos, de que era incompleta y solo explicaba parte de la realidad. Propuso explicaciones alternativas, entre ellas las que se conocen como *variables ocultas*, que también podemos entender como *propiedades ocultas*. Según la interpretación de Copenhague, la onda de materia, mientras se halla en estado de onda, no tiene propiedades fijas. Solo adopta propiedades físicas cuando la mide un observador inteligente. Antes de esta observación, la onda de materia es completamente indeterminada: energía neutra que puede adoptar cualquier forma.

Einstein pensaba que las ondas de materia solo *parecen* ser indeterminadas porque aunque no podemos conocer todas las propiedades de un átomo en el mismo punto del tiempo, estas propiedades pese a todo existen: ocurre sencillamente que las limitaciones de nuestra capacidad de comprensión nos las *ocultan*. Creía que las propiedades de todos los objetos son, de hecho, fijas o determinadas, sea en estado de onda o en estado de materia. Estaba convencido de que el principio de incertidumbre de Heisenberg y el problema de la medición realmente no existen, que son simples fantasmas de nuestro conocimiento incompleto.

Para desdicha de Einstein, sus expectativas de una solución para las propiedades ocultas no solo no se cumplieron mientras vivió, sino que diversas pruebas matemáticas parecían descartarla por completo. Estas pruebas incitaron a Bohr, adalid de la interpretación de Copenhague, a observar con ironía que Einstein debía dejar de decirle a Dios lo que tenía que hacer con sus dados. Estas pruebas matemáticas en contra de las propiedades hicieron que se impusiera la teoría de la interpretación de Copenhague del azar indeterminado.

A pesar de tal contratiempo, Einstein, convencido pese a todo de que Dios no juega a los dados, no estaba dispuesto a abandonar su creencia en un universo determinado y ordenado. Probó con un enfoque diferente. Se propuso demostrar que la mecánica cuántica, con su azar indeterminado aparentemente demostrado por las matemáticas, *tenía* que tener algún fallo o ser incompleta porque llevaba a conclusiones *imposibles*.

Con las propias ecuaciones de la física cuántica, en 1935 Einstein y sus colegas Podolsky y Rosen escribieron un artículo en el que demostraban la posibilidad de llegar a la conclusión matemáticamente inevitable de que dos partículas podían estar *entrelazadas* y «comunicarse» instantáneamente entre sí a grandes distancias, *a mayor velocidad que la de la luz*. «¡Imposible!», exclamó Einstein. La teoría de la relatividad insiste en que nada puede superar la velocidad de la luz, ni siquiera algo tan informe como la información: «¡Chúpate esa, mecánica cuántica!», se jactó (educadamente) Einstein.

La satisfacción de Einstein por las conclusiones de su artículo duró muy poco. Aunque estaba seguro de que la imposibilidad de superar la velocidad de la luz demostraba que las ecuaciones de la mecánica cuántica tenían fallos importantes, los físicos cuánticos pasaron a demostrar que las partículas entrelazadas *pueden* transmitir información a velocidades superiores a la de la luz. Einstein tuvo que pasar de su jactancioso «chúpate esa» a tragarse sus palabras.

Para demostrar el entrelazamiento, los físicos averiguaron cómo dividir un fotón de alta energía en dos fotones *gemelos* de baja energía. Una vez hecho, estos dos gemelos siguen entrelazados permanentemente: en el lenguaje de la física cuántica, comparten un solo *estado cuántico*. A diferencia de los gemelos univitelinos, los entrelazados siempre tienen propiedades *opuestas*. Si, por ejemplo, un fotón gemelo tiene polarización *derecha*, el otro fotón siempre tendrá polarización *izquierda*.

Recordemos que según la interpretación de Copenhague todos los objetos permanecen en un estado de onda indeterminado hasta que interviene un observador inteligente. El principio de la interpretación de Copenhague es que mientras no se mida un gemelo, ambos gemelos *podrían* tener la polarización derecha o izquierda. Pero una vez que un observador inteligente ha medido un gemelo, cuando después se mida el otro gemelo este *siempre* tendrá la propiedad opuesta. El segundo gemelo siempre *conoce* la propiedad que *toma* el primero cuando es medido, por muy alejados que se encuentren ambos en ese momento. Aunque estuvieran cada uno en un extremo del universo, cuando se midiera uno, el otro tomaría al instante las propiedades opuestas; aparentemente, la información se estaría transmitiendo a una velocidad inmensamente superior a la de la luz.

Pongamos de nuevo la música de *En los límites de la realidad*.

Experimentos recientes confirman definitivamente este efecto contraintuitivo del entrelazamiento. Los físicos midieron partículas entrelazadas a grandes distancias en un intervalo de tiempo de menos de una diezmilésima parte de lo que emplea la luz en ir de una a otra.[8] La información tendría que haber viajado de un gemelo al otro como mínimo a diez mil veces la velocidad de la luz. Las ecuaciones de la física cuántica indican, de hecho, que la información realmente se intercambia entre los fotones gemelos *de forma instantánea*, y que son las limitaciones de nuestros aparatos de medición lo que hace que parezca necesario cierto tiempo, por infinitesimal que sea, para que los gemelos entrelazados se comuniquen.[9]

Las verificaciones experimentales del entrelazamiento parecían acabar con la esperanza de Einstein de un universo ordenado, un universo en el que Dios no juega a los dados. Sin embargo, paradójicamente, la propia idea de entrelazamiento llevó a un físico, David Bohm, a descubrir las propiedades ocultas de cuya existencia Einstein estaba convencido.

Desde que Einstein y sus colegas formularon la idea del entrelazamiento cuántico, los físicos han intentado resolver su aparente violación del límite de la velocidad de la luz. Hay tres posibilidades. Una: los experimentos que demuestran el entrelazamiento tienen fallos fundamentales. Pero después de muchos años y miles de experimentos, no se han encontrado fallos esenciales. Dos: la información *puede* viajar por el universo a mayor velocidad que la de la luz. Si así fuera, los físicos tendrían que despedirse de la teoría de la relatividad, cuyo fundamento es la velocidad de la luz. Tres: hay que aceptar la idea contraintuitiva de que el universo físico está interpenetrado por un reino *no local*.

No local es un término extraño que los físicos emplean para describir un reino donde no existe la distancia. Se considera que un objeto o suceso es *local* si está sometido a los efectos de la distancia. Los campos magnéticos, por ejemplo, pierden fuerza con la distancia. La luz requiere tiempo para viajar del Sol a la Tierra. Son *efectos locales*. En cambio, y en contra de la intuición, en un reino no local la distancia no afecta a los objetos ni a los sucesos. El mundo que percibimos a nuestro alrededor a través de los sentidos *siempre* implica distancia, razón por la cual nos cuesta imaginar un reino de ese tipo.

Al principio se consideró que la no localidad era un concepto abstracto pero carente de sentido de las matemáticas de la física cuántica. Pero en un artículo de 1964, «Sobre la paradoja Einstein-Podolsky-Rosen», John Stewart Bell exponía un teorema que demostraba que la no localidad no solo *podía* ser una propiedad de la realidad, sino que, de acuerdo con los fundamentos matemáticos de la propia física cuántica, *tenía* que serlo.[10] En otras palabras, no se puede tener la una sin la otra. Si la física cuántica está en lo cierto, y así se ha demostrado en infinitas aplicaciones, la no localidad es una propiedad real del cosmos.

Muchos físicos no saben qué hacer con la no localidad. Por un lado, con el teorema de Bell y muchas confirmaciones del entrelazamiento, hoy la no localidad es una característica aceptada e indiscutible de la física cuántica. Por otro lado, muchos científicos no quieren ir adonde la no localidad conduce. El doctor David Deutsch, de la Universidad de Oxford, decía en un artículo para el *British Journal for the Philosophy of Science*:

> A pesar del éxito empírico sin precedentes de la teoría cuántica, la propia sugerencia de que pueda ser literalmente verdadera como descripción de la naturaleza sigue siendo recibida con escepticismo, incomprensión e incluso indignación.[11]

Una razón de la aceptación de la interpretación de Copenhague es que impulsa con ánimo pragmático a ignorar la no localidad y otros aspectos incomprensibles de la rareza cuántica. La mecánica cuántica es una herramienta extraordinariamente útil para conseguir cosas en el *mundo real* y, si esto es de lo que se trata, para todos los demás propósitos la no localidad carece de importancia. No hay necesidad de debatir cuestiones sobre el azar frente al orden, la localidad frente a la no localidad: basta con limitarse a callar y calcular.

Pero no todos están dispuestos a callar y calcular. David Bohm, más que minimizarlas, aceptaba las implicaciones de la rareza cuántica. Con la aceptación de la *no localidad*, en especial, pudo descubrir matemáticamente el orden del universo que a Einstein se le había escapado. El trabajo de Bohm fue revolucionario. Desarrolló un nuevo sistema matemático conocido hoy como *mecánica bohmiana*, y una interpretación de la física cuántica lleva su nombre.

En su larga y fructífera carrera, David Bohm fue nombrado socio de la prestigiosa Royal Society de Inglaterra, uno de los premios más prestigiosos que un científico puede recibir, equivalente al Premio Nobel. Físico y matemático importante, Bohm, como joven candidato al título de doctor del Departamento de Física de la Universidad de California en Berkeley, contribuyó de forma importante al Proyecto Manhattan. Más adelante, hizo una serie de descubrimientos en los ámbitos de la física cuántica y relativista, incluido lo que hoy se conoce como *difusión de Bohm*. Su libro *Quantum Theory* [Teoría cuántica], publicado en 1951, sigue siendo una explicación clara y concisa de los principios básicos de la teoría cuántica.

Sin embargo, a medida que avanzaba en su carrera, Bohm fue sintiéndose insatisfecho con la interpretación de Copenhague y el hecho de que ignorara la rareza cuántica. En lugar de aceptarlo, se propuso entender qué podía significar el hecho de la no localidad. Llegó a la conclusión —desconcertante pero matemáticamente irrefutable— de que *el cosmos es un todo continuo interconectado*. Apariencias aparte, descubrió matemáticamente que nada puede ser independiente de nada, porque el universo y todo lo que contiene está *conectado invisiblemente a un reino bidimensional y no local*.

> Decimos que la interconexión cuántica inseparable de todo el universo es la realidad fundamental, y que las partes que se comportan con relativa independencia son solo formas particulares y contingentes dentro de este todo.
>
> DAVID BOHM[12]

> El universo es una totalidad no dividida de un movimiento que fluye.
>
> DAVID BOHM[13]

A este reino no local que lo conecta todo lo llamó *preespacio*. El preespacio, como su nombre indica, es un *sin espacio*. En el preespacio no local no existe la distancia tal como la concebimos. Según Bohm, los fotones gemelos entrelazados, al ser medidos por un observador inteligente, entran al instante en nuestro mundo *con espacio* tridimensional procedentes de su preespacio *sin espacio*. El trabajo de Bohm demuestra que si los fotones entrelazados aparecieran de forma instantánea en nuestro universo físico separados por millones de años luz, en el momento anterior a su aparición todavía se verían en el preespacio sin espacio y en consecuencia, en el instante anterior a su aparición, no habría distancia entre ellos.

¿Lo has entendido? No me extrañaría que no, pero ten paciencia. Entender la no localidad es fundamental para entender la física de Dios.

El concepto de preespacio no local de Bohm resuelve una serie de problemas molestos de la física. Permite que la velocidad de la luz de nuestro universo local tridimensional D-brana siga incólume y, al mismo tiempo, explica el fenómeno del entrelazamiento: la luz siempre viaja a través de un espacio tridimensional a una velocidad fija e intacta, pero hasta que los gemelos entrelazados *emergen* en el espacio tridimensional, con su velocidad fija de la luz, existen donde no hay espacio ni distancia, con lo cual el concepto de velocidad deja de tener sentido.

Otro problema enojoso que el preespacio no local resuelve es cómo sabe formarse la materia. Recordemos que en los tiempos de Einstein las pruebas matemáticas descartaban la posibilidad de propiedades ocultas que pudieran determinar cómo se forma la materia, unas pruebas que frustraban la esperanza de Einstein de que esas propiedades ocultas existieran y nos dejaban en un mundo donde la materia adquiría una determinada forma únicamente por la presencia fortuita de un observador inteligente específico. Sin embargo, Bohm descubrió, matemáticamente, que aunque no pueden existir propiedades ocultas en nuestro universo tridimensional *local*, en lo cual Einstein confiaba si bien las matemáticas lo rechazaban, las propiedades ocultas *pueden* existir en un preespacio bidimensional *no local* sin contradecir las pruebas matemáticas que las descartaban localmente.

¿Lo entiendes mejor ahora? La interpretación de Copenhague dice que la formación de la materia es aleatoria e indeterminada y para determinar su forma definitiva depende únicamente de la presencia de un observador inteligente. En cambio, las matemáticas de Bohm establecían que aunque en nuestro *universo tridimensional* no puedan existir propiedades ocultas que determinen la formación de la materia, dichas propiedades sí pueden existir en un *preespacio bidimensional no local*.

El trabajo de Bohm es de suma importancia. Ofrece un razonamiento sólido de que la realidad *está* determinada. Ninguna propiedad oculta ni observación aleatoria de ningún tipo determinan el despliegue del universo. Como ocurre con muchas teorías de la física, sucesivos descubrimientos parecen confirmar la teoría de Bohm para luego producirse otros que parecen rebatirla. Un artículo publicado en 1992 parecía descartar la mecánica bohmiana porque exigía un movimiento *surrealista* de las partículas en experimentos de doble rendija.[14] Hoy, un artículo publicado en 2016 parece recuperar la mecánica bohmiana, porque el artículo de 1992 no explicaba correctamente la no localidad al considerar el movimiento surrealista.[15]

Bohm demostró matemáticamente que el universo, y todo lo que hay en él, pasa a tener existencia física siguiendo un orden *oculto* propio del preespacio. A este orden oculto lo llamó *orden implicado* y comparó el proceso por el que la materia emerge en ente físico al proceso que sigue algo que está inicialmente *plegado* (plano, por así decirlo, en dos dimensiones) y después *se despliega* en tres dimensiones: *el orden implicado*. La parte implicada del orden existe en el preespacio no local. Actúa de plantilla del orden manifestado (le da las propiedades ocultas de las que carece), el cual se *despliega* como nuestro universo tridimensional local siguiendo la información contenida en el orden implicado en el preespacio, tal como explica Bohm:

> En el orden plegado [o implicado], el espacio y el tiempo dejan de ser los factores dominantes que determinan las relaciones de dependencia o independencia de los diferentes elementos. Al contrario, es posible un tipo completamente distinto de conexión básica entre los elementos, de la que nuestros conceptos habituales de espacio y tiempo, y los de partículas materiales con existencia independiente, se abstraen como formas derivadas del orden más profundo. Estas ideas corrientes de hecho aparecen en el denominado orden *manifestado* o *desplegado*, que es una forma especial y distinguida dentro de la totalidad general de todos los órdenes implicados.[16]

Los hologramas

A medida que avanzaba en su trabajo, Bohm descubrió también que las matemáticas que rigen en el funcionamiento de los hologramas constituían un modelo de excepcional utilidad de cómo el orden implicado y plegado del preespacio *bidimensional* local hace posible que el orden manifestado se despliegue en el espacio *tridimensional* local. Los *hologramas* son bidimensionales. Las *proyecciones holográficas* son tridimensionales. Las imágenes holográficas se almacenan en medios *planos* bidimensionales. Sin embargo, cuando la luz interactúa con los medios planos bidimensionales, aparece una *proyección holográfica* tridimensional. La proyección holográfica no solo parece que es tridimensional sino que lo es: si alguien camina alrededor de una proyección holográfica, ve los diferentes lados de un objeto tridimensional, todos ellos generados a partir de medios bidimensionales.

El trabajo de Bohm con las matemáticas implícitas en un holograma se denomina en física *principio holográfico*. No es una teoría marginal. Sus ecuaciones se usan ampliamente en muchas ramas de la física. Fallecido ya Bohm, el principio holográfico se convirtió en un elemento importante de la teoría de cuerdas. Leonard Susskind, titular de la cátedra Felix Bloch de física teórica de la Universidad Stanford y uno de los padres de la teoría de cuerdas, dio cuerpo al principio holográfico de Bohm en el contexto de la teoría de cuerdas. Gerard't Hooft, físico teórico neerlandés y copremio Nobel de Física en 1999, trabajó con Susskind en la aplicación aún más amplia del principio holográfico. En 1997, Juan Maldecena, profesor de Física en el Instituto de Estudios Avanzados de la Universidad de Princeton, publicó un artículo cuyo tema principal era el principio holográfico. En 2010, el artículo de Maldecena había sido citado más de siete mil veces por otros físicos en distintos artículos, lo cual lo convertía en el documento más citado en el campo de la física de alta energía.[17]

El principio holográfico, tal como se utiliza en la teoría de cuerdas, establece que la información que determina el comportamiento del volumen tridimensional de espacio al que llamamos universo está *pegada* sobre la *frontera* entre nuestro universo tridimensional y una brana bidimensional. Dicho de otra forma, el modo de funcionar del universo, desde el *big bang* hasta hoy, es el resultado de la información que existe fuera del propio universo. O, dicho también de otra forma, la energía de la luz, al interactuar con un holograma bidimensional en una brana bidimensional, se traduce en la colosal proyección holográfica tridimensional que llamamos universo.

La primera reacción ante la idea de que el universo es una proyección holográfica puede ser de incredulidad o puro escepticismo. Las proyecciones holográficas a las que estamos acostumbrados suelen ser borrosas e insustanciales, mientras que el mundo que conocemos es exquisitamente detallado y sólido. Sin embargo, el hecho de que el mundo parezca sólido y minuciosamente detallado no niega la posibilidad de que sea una proyección holográfica.

La mayoría sabéis que lo que veis en la televisión o la pantalla del ordenador está compuesto de puntos. Los puntos son tan diminutos que solo pueden verse como tales con una lupa. Juntos, estos puntos pequeñísimos forman una imagen; cuanto más pequeños son, más clara es la imagen. Los teóricos de cuerdas creen que todo el universo está hecho de puntos inimaginablemente más pequeños que los de nuestras pantallas, y no solo en dos dimensiones como los de la pantalla del ordenador, sino en tres. Los físicos sostienen que el mundo que conocemos parece sólido y sumamente detallado porque sus «puntos» son *miles de millones* de veces más pequeños que los puntos que vemos en una pantalla.

El físico de Stanford Leonard Susskind y el premio Nobel Gerard't Hooft juntaron las descripciones cuántica y relativista del espacio-tiempo. En términos matemáticos, el tejido debería ser una superficie 2D, y las partículas deberían comportarse como los puntos de una inmensa imagen cósmica y definir la «resolución» de nuestro universo 3D.

VICTORIA JAGGARD, *Smithsonian online*[18]

Según la teoría holográfica de cuerdas, si dispusiéramos de una lupa de aumento ilimitado, podríamos ver que incluso el *espacio* está hecho de puntos. El universo físico, en lenguaje de la física cuántica, es *discontinuo*. No es un todo continuo y sin costuras. Podemos imaginar que lo que «aparecería» entre los puntos, si usamos nuestra lupa, sería el preespacio no local y bidimensional.

Einstein estaba convencido de que Dios no juega a los dados, de que la realidad está ordenada y determinada. Confiaba en encontrar las leyes de tal comportamiento determinista dentro del universo físico *local*, pero la mecánica cuántica frustró esta posibilidad. Las exploraciones más profundas de Bohm del lado raro de la física cuántica, y su principio holográfico adoptado por la teoría de cuerdas, apuntan con fuerza a que el orden que Einstein buscaba no solo existe sino que es *no local*. Ervin Laszlo, autor de *Cosmos: A Co-creator's Guide to the Whole-World* [Cosmos: una guía del cocreador para la totalidad del universo], dice sobre el tema:

Empezamos a ver todo el universo como una red interconectada holográficamente de energía e información, un todo orgánico y autorreferente en todas las escalas de su existencia. Nosotros, y todas las cosas del universo, estamos conectados no localmente unos con otros y con todas las demás cosas, libres por completo de las limitaciones hasta hoy conocidas del espacio y el tiempo.[19]

La interpretación matemáticamente sólida que Bohm hace de la física cuántica, su orden implicado y manifestado y el uso de su principio holográfico por parte de la teoría de cuerdas avala, todo ello, el testimonio de los santos, sabios y personas que han vivido experiencias cercanas a la muerte: los cielos son el modelo del universo. No hace falta dar ningún gran salto para apreciar que el orden implicado oculto en el preespacio de Bohm, o el holograma bidimensional oculto en una brana bidimensional de la teoría de cuerdas, podrían ser áridas descripciones científicas de un orden celestial oculto en lo que yo denomino el *energiverso*.

La ciencia está muy lejos de poder dar este salto. El avance científico es lento y laborioso, y exige pruebas exactas en cada mínimo paso de su recorrido. Pero el testimonio de quienes han visto los cielos directamente es claro y consistente. Voy a tomarme la libertad de repetir algunas de las citas que empleaba al principio de este capítulo. A la luz de lo que la ciencia ya ha revelado sobre el principio holográfico, estas afirmaciones son aún más significativas: donde hay una proyección holográfica debe haber un holograma.

> En pocas palabras, absolutamente todo lo que existe en la naturaleza, de lo más pequeño a lo más grande, es una correspondencia. La razón de que existan correspondencias es que el mundo natural, con todo lo que contiene, surge del mundo espiritual.
>
> EMANUEL SWEDENBORG, místico cristiano[20]

> Todo fue creado de materia espiritual antes de que fuera creado físicamente: los sistemas solares, los soles, las lunas, las estrellas, los planetas, la vida que habita en los planetas, las montañas, los ríos, los mares, etc. [...] Esta Tierra solo es una sombra de la belleza y la gloria de su creación espiritual.
>
> BETTY J. EADIE, autora de *He visto la luz*[21]

> Los planos de todo lo que hay en el universo físico han sido concebidos astralmente: todas las fuerzas de la naturaleza, incluido el

complejo cuerpo humano, se han creado antes en ese reino donde las relaciones causales de Dios son visibles en forma de luz celestial y energía vibratoria.

PARAMAHANSA YOGANANDA, maestro de yoga[22]

Tal vez la implicación más importante del principio holográfico es que el universo *se crea constantemente*. La mayoría de las concepciones de la creación del universo —sean, por ejemplo, el *big bang* o los siete días de la Creación del cristianismo— indican que, después de un evento creador inicial, la creación física sigue como una realidad permanente e independiente. El principio holográfico apunta en otra dirección. Señala que si la energía que interactúa con el holograma bidimensional en el preespacio se retirara, la proyección holográfica del universo dejaría de existir, al instante. Además, indica que el universo físico no tiene realidad independiente y duradera, sino que depende por completo, *momento a momento*, de la información y la energía que se originan en el energiverso bidimensional no local.

Puede que te sorprendas al descubrir que los santos y los científicos coinciden en este punto:

Dios está creando el universo entero, total y plenamente, en este preciso momento. Todo lo que Dios creó [...] Dios lo crea de repente ahora.

MAESTRO ECKHART, místico cristiano[23]

El universo surge de un abismo que todo lo nutre no solo hace doce mil millones de años, sino en cada momento.

BRIAN SWIMME, físico[24]

Proclamo solemnemente que en cada momento se crea un universo nuevo.

D. T. Suzuki, maestro zen[25]

No somos materia que permanece, sino patrones que se perpetúan; remolinos de agua en un río que no deja de fluir.

Norbert Wiener, físico[26]

El tao es la fuerza-vida que todo lo sostiene y la madre de todas las cosas; de él surgen y caen sin cesar todas las cosas.

Lao-Tse, *Tao Te King*

Buscábamos un suelo firme y no lo hemos encontrado. Cuanto más profundamente penetramos, tanto más inquieto, más incierto y más borroso se vuelve el universo.

Max Born, físico y premio Nobel[27]

El energiverso es un mar de energía del que se forma nuestro universo-burbuja. Contiene la información, las propiedades ocultas, la plantilla holográfica que hace que nuestro universo se forme como lo hace. La creación no tiene lugar solo una vez, sino que el energiverso crea continuamente el universo físico. Sin el mecanismo holográfico de creación, el universo dejaría de existir.

Lo que los científicos describen ambiguamente como un reino interpenetrante de energías de alta frecuencia que crea el universo, los santos, sabios y quienes han tenido experiencias cercanas a la muerte lo describen como un reino accesible, ordenado y deslumbrante de energía sutil. Aseguran que este reino sutil, aunque invisible para nuestros sentidos, se puede percibir plenamente en estados trascendentes. Cualquiera que alcance la quietud y la absorción interior perfectas, sea con la práctica de la ciencia y la religión o a través de la repentina quietud de la muerte, percibirá de forma natural y sin esfuerzo esta realidad más sutil y siempre presente que se oculta a nuestros sentidos más bastos y verá directamente el mecanismo holográfico celestial que crea al universo físico.

Capítulo 6

NUESTRA EXISTENCIA SIMULTÁNEA EN DOS REINOS QUE SE INTERPENETRAN

No existimos solo en el universo físico tridimensional, sino también, simultáneamente, en el energiverso bidimensional. El energiverso interpenetra constante e invisiblemente el universo físico en cada punto:

> Estos reinos celestiales, vibrantes y trascendentes, solo están figuradamente «arriba» de las burdas vibraciones de la tierra de «abajo». De hecho, están superpuestos unos a la otra.
>
> PARAMAHANSA YOGANANDA, maestro de yoga[1]

No solo existimos de forma simultánea en ambos reinos, sino que hay entre ellos una relación dinámica continua por la que el universo físico es inseparable del energiverso. Lo que esto significa para nosotros como individuos es que no solo habitamos a la vez en ambos reinos, sino que nuestro cuerpo físico es inseparable de nuestro *cuerpo energético*:

- Nuestro cuerpo físico, como el universo, está *interpenetrado* en todos sus puntos por las fuerzas del energiverso ocultas a nuestros sentidos.
- Nuestro cuerpo físico, como el universo, es una *proyección holográfica* de altísima resolución.
- Nuestro cuerpo físico, como el universo, *es creado continuamente* de acuerdo con la información presente en nuestra exclusiva plantilla holográfica de energía.

Los santos, sabios y personas que han vivido experiencias cercanas a la muerte nos dicen que cado uno tenemos nuestra personal plantilla holográfica de energía, o cuerpo energético. De este cuerpo energético nace la proyección holográfica de nuestro cuerpo físico, y determina, *momento a momento*, todo lo que a él respecta. Los santos y sabios llaman a nuestro cuerpo energético de alta frecuencia de diversos modos: el *cuerpo astral*, el *cuerpo sutil*, el *cuerpo del espíritu* o, a veces, el *cuerpo etéreo*. Nuestro cuerpo energético holográfico está hecho de energías coordinadas que vibran a frecuencias que los instrumentos físicos no pueden detectar. Por otro lado, nuestro cuerpo físico está compuesto de energía detectable de baja frecuencia disfrazada de materia. Esta energía de baja frecuencia está trabada en patrones organizados por el cuerpo energético de alta frecuencia interpenetrante.

No podemos percibir con los cinco sentidos la sutil energía interpenetrante, pero, en un grado u otro, todos somos conscientes de ella. Las tradiciones religiosas experienciales del mundo —del yoga al sufismo, el cristianismo carismático o el taichí— llaman a estas energías sutiles *fuerza vital*. La abundancia de fuerza vital nos pone alas en los pies y una sonrisa en la cara. Hormiguea por todo nuestro cuerpo cuando nos sentimos dichosos y nos oprime el estómago cuando estamos estresados. Nos caldea el corazón cuando amamos y nos tensa el cuerpo cuando tenemos miedo. Nos provoca un *subidón* cuando estamos ilusionados o inspirados y nos abate cuando estamos cansados o deprimidos. Hace que el corazón siga latiendo, que los pulmones sigan respirando y que la digestión siga actuando y estimula los miles de procesos que tienen lugar en nuestros billones de células. Sin saber exactamente cómo, todos somos conscientes de la presencia de la fuerza vital que hay en nuestro interior.

Trabajar con la fuerza vital es la base de muchos sistemas de sanación alternativos. Existen muchas prácticas conocidas y comúnmente aceptadas, como la quiropráctica en Occidente y la acupuntura en Oriente, que atribuyen su capacidad de mejorar la salud a la liberación o el desbloqueo de la fuerza vital. Aunque la clase dirigente médica a veces aún los menosprecie, estos métodos alternativos son tan efectivos que muchas pólizas de seguro los cubren. Es difícil discutir los resultados. La acupuntura se ha verificado clínicamente muchas veces y ha demostrado ser tan efectiva, o más, que muchos tratamientos médicos convencionales para las migrañas,[2] el dolor lumbar,[3] la osteoartritis[4] y la artritis reumatoide,[5] por nombrar solo unas pocas dolencias.

Las artes marciales, en su máxima expresión, también trabajan con la fuerza vital de la persona. Famosos por sus increíbles proezas marciales son los monjes del monasterio de Shaolin de China: parten ladrillos con un golpe de mano, rompen con un golpe de mano un determinado ladrillo de una pila, empujan con el pecho la punta de una espada con tanta fuerza que esta se dobla por la mitad, presionan dos lanzas contra su garganta sin que ello les ocasione ninguna herida o son izados sobre las puntas de tres o cuatro lanzas sin que se les rasgue la piel. Podrá decirse que un boxeador entrenado de forma convencional es capaz de romper tablas y ladrillos como cualquier practicante de artes marciales, pero es difícil dar una explicación convencional a la capacidad de una persona de estar tumbada e izada sobre las puntas de tres o cuatro lanzas, una de las cuales apunta directamente a su estómago, sin quedar empalada.

Otras pruebas de la presencia de la fuerza vital la ofrecen aquellos individuos, a veces llamados videntes o intuitivos, que pueden *ver* el cuerpo energético. Lo perciben como un aura multicolor que rodea y difumina el cuerpo físico. Cualquier cambio en los sentimientos, los pensamientos y el estado físico de la persona se refleja inmediatamente en el cuerpo energético: colores que se mueven y cambian, colores que se hacen más claros o borrosos, zonas del aura que brillan más o se apagan, o toda el aura que se expande o contrae. En las pinturas y esculturas religiosas se muestran con frecuencia auras, también denominadas halos. En todas las tradiciones espirituales se habla de santos y sabios rodeados de una luz sagrada y etérea.

> Puedo aseguraros que lo que ocurra en el cuerpo físico se producirá antes en el patrón de los campos de energía.
>
> BARBARA BRENNEN,
> sanadora y autora de *Manos que curan*[6]

> Los videntes ven destellos de color, siempre cambiantes, en el aura que rodea a todas las personas: cada pensamiento y cada sentimiento se trasladan así al mundo astral [de energía], visible para la mirada astral.
>
> ANNIE BESANT, vidente,
> presidenta de la Sociedad Teosófica[7]

Todas las tradiciones religiosas experienciales del mundo tienen en su base técnicas con las que se puede conocer mejor el sutil cuerpo energético: la meditación, el taichí, las posturas de yoga, las técnicas de respiración y muchas más. En la tradición religiosa de la India, la fuerza vital se conoce como *prana*; en China, como *chi* (o *qi*). Los antiguos egipcios la llamaban *ka*, y los antiguos griegos, *pneuma*. En el judaísmo se conoce como *ruach*; en el cristianismo, *spiritus*.

Aprender a percibir más profundamente y después controlar el sutil cuerpo energético es el primer paso del camino que lleva a la quietud y la absorción interior, fundamentales para la experiencia trascendental. Adquirir mayor conciencia de la sutil energía es el principio, universalmente reconocido, de la experiencia espiritual.

Quienes adquieren conciencia de su cuerpo energético —sea a través de la sanación sutil, las artes marciales, la meditación o la percepción intuitiva— describen sin excepción de forma reverente sus experiencias del cuerpo energético como *sagradas*. Experimentar la propia fuerza vital con mayor profundidad es transformador. Sintonizar con el cuerpo energético propio se traduce en profundos sentimientos de paz, armonía, expansión, bienestar, alegría y la conciencia asombrada de unas realidades mayores que trascienden de las físicas. En la tradición cristiana, a la fuerza vital se la llama a veces *Espíritu Santo*; en otras tradiciones, se considera que la fuerza vital es la puerta de acceso a la experiencia divina:

¿O no sabéis que vuestro cuerpo es santuario del Espíritu Santo, que está en vosotros y habéis recibido de Dios, y que no os pertenecéis?

1 Corintios, 6: 19

La paz es el control armonioso de la vida. Vibra con energía vital. Es una fuerza que trasciende fácilmente de nuestro conocimiento mundano. Pero no es independiente de nuestra existencia terrenal. Si abrimos los caminos adecuados del interior, esta paz se puede sentir aquí y ahora.

SRI CHINMOY, maestro espiritual indio[8]

De mis propias experiencias con la meditación he comprendido que la que tuve con las drogas y que me cambió la vida de hecho fue una experiencia inhabitualmente acentuada de mi propia fuerza vital, de mi sagrado cuerpo energético. Hoy, usando técnicas que agudizan la conciencia que tengo de mi cuerpo energético, como la meditación y el *pranayama* (técnicas de respiración cuya finalidad es concienciarse mejor del *prana* o fuerza vital), puedo experimentar ese estado superior de conciencia, que accidentalmente descubrí a través de las drogas, con medios mucho más fiables, consistentes y duraderos.

Tal vez te preguntes dónde encaja con la ciencia la idea de la fuerza vital y un sutil cuerpo energético que coordinan y sostienen el cuerpo físico. ¿Hasta qué punto las vastas concepciones de la teoría de cuerdas de un cosmos multidimensional han penetrado en las ciencias de la vida de tamaño humano como la biología o la genética? La respuesta corta es: escasamente. Los genetistas, neurobiólogos e investigadores médicos que aceptan el nuevo paradigma multidimensional siguen siendo vistos con recelo y considerados con frialdad por la clase dirigente médica y, hasta hoy, han incidido muy poco en el modelo bioquímico convencional del cuerpo.

Según este modelo, el cuerpo es una asombrosa máquina bioquímica que se autoorganiza y autosostiene, pero *solo* una máquina bioquímica. Compuesto de aproximadamente cincuenta billones de células, se mantiene no por un cuerpo energético interpenetrante invisible sino por el cerebro y el sistema nervioso en perfecta coordinación con nuestros genes.

Este modelo afirma que todos los procesos corporales, desde el movimiento voluntario hasta los complejos procesos de la circulación, la digestión, la asimilación, la evacuación, la respiración, el crecimiento y la sanación, están *influidos* exclusivamente por señales electromagnéticas que corren por nuestro sistema nervioso y por mensajeros bioquímicos que fluyen a través del sistema circulatorio, pero que los procesos vitales y autoorganizados fundamentales están *dispuestos* por instrucciones preprogramadas codificadas en el ADN que compone los genes que se encuentran en el núcleo de todas las células. En el modelo convencional, los genes del núcleo de la célula son el *cerebro* de esa célula, y todos los cerebros de los cincuenta billones de células funcionan de modo notablemente homogéneo para mantenernos con vida y sanos.

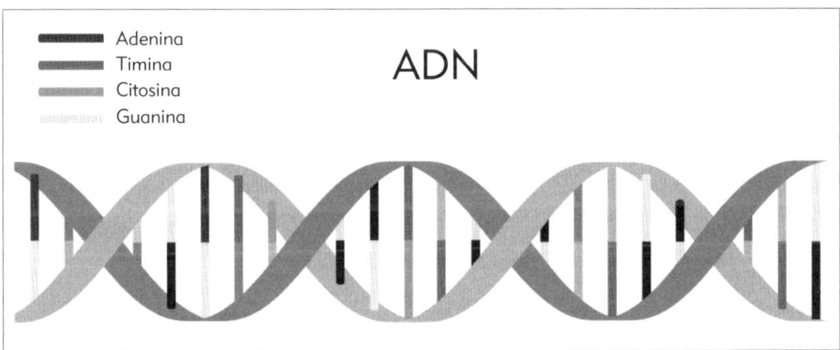

FIGURA 8. La estructura básica del ADN: dos largas cadenas de ácidos nucleicos que se enroscan entre sí, formando una doble hélice como resultado de la atracción de parejas de ácidos nucleicos (la adenina con la timina y la citosina con la guanina).

El ADN (ácido desoxirribonucleico) está formado por dos largas cadenas de cuatro ácidos nucleicos en diversas secuencias –guanina (G), adenina (A), timina (T) y citosina (C)–, que se enroscan entre sí para formar una doble hélice (figura 8). El ADN contiene *mapas* codificados secuencialmente para fabricar proteínas complejas, que son los ladrillos y catalizadores del crecimiento, la salud y el mantenimiento del cuerpo. Secuencias variadas de los cuatro ácidos nucleicos, G, A, T y C –algo parecido a los 1 y 0 del código binario informático–, contienen, según la opinión generalizada, la información necesaria para fabricar, y saber cuándo fabricar, todas las proteínas precisas para mantener la estructura y las funciones de nuestro cuerpo.

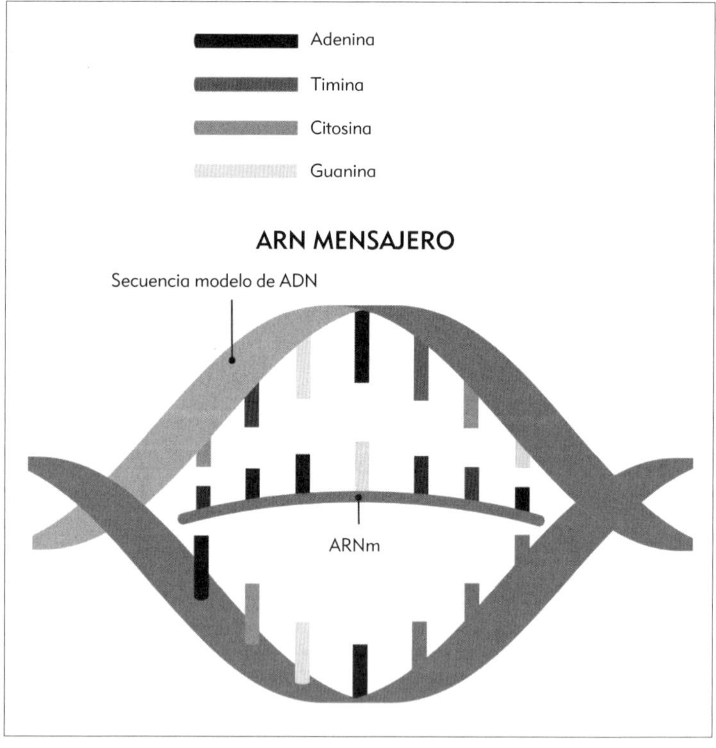

FIGURA 9. El ARN mensajero se forma a lo largo de la secuencia expuesta de ADN desenroscado.

Nuestras células son, en gran medida, fábricas de proteínas. Para producir una proteína, en primer lugar el ADN del núcleo afloja un segmento corto de la longitud total de su doble hélice fuertemente enrollada (como si girara para abrir y extender solo unos pocos muelles de una espiral extensa), de modo que queda expuesta una secuencia de ADN que contiene el plano codificado de una determinada proteína. Una vez que el ADN se desenrosca, empieza a formarse otro tipo de molécula (muy parecida al ADN, llamada ARN mensajero o ARNm), aminoácido a aminoácido, a lo largo de la secuencia del ADN expuesto (figura 9). El resultado es una nueva cadena de aminoácidos que coincide *exactamente* con la secuencia de la cadena de ADN. Copia perfecta de la secuencia expuesta por el ADN y plano de una única proteína, el ARNm «abre la cremallera» del ADN y sale del núcleo.

Una vez que sale del núcleo, el ARN es atrapado por un ribosoma. Los ribosomas, que son máquinas de producción de proteínas que se encuentran en el interior de las células, conectan un aminoácido tras otro en una larga cadena que se ajusta perfectamente a la secuencia codificada en el ARN (figura 10). A medida que se va alargando, la cadena se pliega sobre sí misma y genera una forma y un tamaño distintos. Las proteínas se pueden fabricar a partir de cientos y hasta miles de aminoácidos conectados en una secuencia exacta. La proteína, una vez fabricada, comienza a trabajar en la estructura de la célula, o en los procesos celulares (como los de unir o catalizar), o es enviada fuera de la célula, adonde sea necesaria para otros procesos vitales como la digestión o la regulación hormonal.

Nuestras células son fábricas de proteínas increíblemente productivas. En escasos segundos cada ribosoma produce una molécula de proteína que contiene varios miles de aminoácidos. Cada célula de nuestro cuerpo puede fabricar cientos de miles, incluso millones, de moléculas de proteína en un solo día; y, teóricamente, cada célula es capaz de producir cada uno de los veinte millones de proteínas diferentes codificadas en el ADN humano.

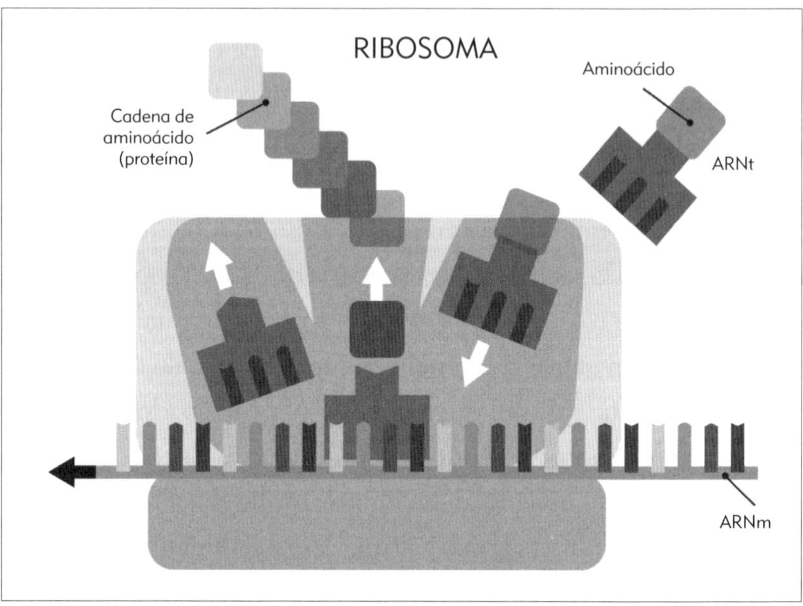

FIGURA 10. El ARN mensajero pasa por un ribosoma, una máquina de fabricación de proteínas, y la secuencia codificada en el ARNm determina el orden en que los aminoácidos se añaden a una cadena larga que se pliega sobre sí misma, formando una proteína.

La mayoría de los microbiólogos y genetistas coinciden en que el ADN no solo contiene todos los mapas de todas las proteínas que el cuerpo necesita, sino que, además, toda la información que un organismo requiere para crecer y mantenerse (es decir, toda la información que determina *cuándo y con qué combinaciones* fabricar proteínas específicas) también está contenida en nuestro ADN. Según esta idea, el ADN de todas las células está codificado como el disco duro de un ordenador para regular las proteínas que se necesitan y cuándo se necesitan: desde que la vida empieza en el útero hasta que termina en la muerte, toda interacción bioquímica infinitesimalmente pequeña está predeterminada y preprogramada en nuestro ADN.

Desde el punto de vista convencional, no somos más que simples máquinas bioquímicas de asombrosa complejidad que han evolucionado poco a poco a lo largo de miles de millones de años a partir de combinaciones accidentales de sustancias químicas —el caldo primigenio— y sucesos medioambientales casuales fruto de la serendipia, como los rayos o el contacto con cristales. Se considera que la inteligencia es un subproducto fortuito de la evolución; la música, la literatura, la nobleza humana, el autosacrificio, el amor, todo ello son consecuencias fortuitas de mutaciones que favorecen la supervivencia.

Según este modelo, el materialismo científico explica perfectamente todo. No necesitamos rarezas ni modelos de un cuerpo energético holográfico, muchas gracias. ¿Para qué sería necesaria una fuerza vital?

La historia bioquímica convencional de la vida, con el ADN como protagonista, ha sido la imperante durante muchos años. Pero, en contra de la creencia popular, el modelo bioquímico nunca ha sido plenamente aclarado. La mayoría de los genetistas *creen* que el ADN está preprogramado para toda eventualidad desde el nacimiento hasta la muerte, pero aún no han *identificado* la mayor parte de la programación que sería necesaria para que lo que piensan fuera verdad.

Se entiende, pues, que los genetistas esperaran con ansia los descubrimientos que se iban a realizar en el contexto del Proyecto Genoma Humano. Cuando en el año 2003 se secuenció todo el genoma humano, pensaban que podrían comprender todos los misterios relativos a cómo la información codificada en nuestro ADN coordina y controla la vida de cada célula y, por consiguiente, la vida de todo organismo.

Para desengaño de los genetistas, el Proyecto Genoma Humano no resolvió los últimos misterios. En realidad, esos misterios se oscurecieron aún más. Denise Chow, en un artículo para *LiveScience*, explicaba:

> Cuando se secuenció el genoma humano, algunos científicos decían: «Se acabó. Entenderemos todas las enfermedades. Entenderemos todos los comportamientos». Y resulta que no, porque la secuenciación del ADN no basta para explicar la conducta. No basta para explicar las enfermedades.[9]

En un comentario sobre los sorprendentes resultados del Proyecto Genoma Humano, David Baltimore, uno de los más prestigiosos genetistas del mundo y premio Nobel, abordaba el tema de la complejidad humana:

> Pero a menos que el genoma humano contenga muchos genes que sean opacos para nuestros ordenadores, es evidente que nuestra complejidad sin duda mayor que la de los gusanos y las plantas no se debe a que utilizamos más genes.[10]

Bruce Lipton se sumó al debate con sus propias ideas en *La biología de la creencia*:

> Comprender qué nos hace tan complejos —nuestro enorme repertorio conductual, la capacidad de actuar conscientemente, la notable coordinación física, las alteraciones exquisitamente ajustadas para responder a los cambios exteriores del entorno, el aprendizaje, la memoria, ¿debo continuar?— sigue siendo un reto para el futuro.[11]

El hecho de no encontrar en nuestros genes la programación previa de todo tipo de vida ha obligado a los genetistas a evaluar de nuevo y de forma fundamental el funcionamiento de los mismos. En esta reevaluación han influido con fuerza descubrimientos relativamente recientes que han conducido al establecimiento de una nueva disciplina en el campo de la genética: la *epigenética* —literalmente, 'por encima del gen'—. Estos descubrimientos indican que nuestros genes no son inamovibles, que lo que antes se consideraban genes permanentemente durmientes se pueden activar y los genes activos se pueden desactivar. Por ello, arrojan muchas dudas sobre la creencia en vigor durante mucho tiempo de que el ADN es el cerebro de la célula. Cada vez parece más probable que las células estén controladas desde otra fuente.

La epigenética nació cuando los genetistas quedaron atónitos al averiguar que rasgos genéticos *recién despertados se pueden transmitir de una generación a la siguiente*. Científicos suecos realizaron un estudio transgeneracional de personas vivas de la región de Overkalix, en el norte de Suecia. Descubrieron que los padres que habían vivido en situaciones de hambre transmitieron a sus hijos los rasgos compensatorios del hambre. Antes de este estudio de 1955, se consideraba que era imposible alterar rasgos genéticos y después transmitirlos a los descendientes. Este estudio sacudió la idea fundamental de que la expresión génica era fija e inmutable de arriba abajo.[12]

Otra de las consecuencias de la secuenciación completa del genoma humano fue el descubrimiento de que no hay suficientes genes productores de proteínas para fabricar los veinte millones de estas que sabemos que produce el cuerpo humano. Durante la secuenciación del genoma humano, quedó demostrado que solo tenemos entre veinte mil y veinticinco mil genes productores de proteínas, es decir muchos menos de los necesarios si cada gen solo pudiera producir una proteína. Esta realidad llevó a considerar que la verdadera *expresión génica* de un determinado gen puede variar enormemente. Hoy sabemos que *todos los genes productores de proteínas pueden producir muchas proteínas diferentes.*

Hace ya cierto tiempo que se cree que, de todos los genes de nuestro ADN, solo están activos entre aproximadamente el 1,5 y el 2 %; los demás están permanentemente durmientes. En el modelo convencional, existe la creencia de que los genes inactivos restantes son lo que queda de un largo proceso evolutivo y han dejado de sernos útiles en nuestro actual estado evolutivo. Sin embargo, estudios recientes han demostrado que activamos y desactivamos nuestros genes de forma rutinaria, no solo en casos raros como los del estudio de Overkalix.

Durante tres meses, un grupo de más de treinta varones con bajo riesgo de cáncer de próstata, siguiendo un régimen intensivo de alimentación y estilo de vida, hiperactivaron cuarenta y ocho genes que ayudan al cuerpo a combatir los tumores y redujeron la actividad de cuatrocientos cincuenta y tres genes que suelen favorecerlos.[13] Más sorprendente aún es la cantidad de cambios epigenéticos que experimentaron, a lo largo de los seis meses en los que participaron en un estudio sueco, veintitrés varones con ligero sobrepeso que realizaron ejercicios de *spinning* y aeróbicos dos veces por semana. Los investigadores de la Universidad de Lund descubrieron que los sujetos habían alterado epigenéticamente siete mil genes, casi el 30 % de los genes de todo genoma humano completo.[14]

Por estos y otros estudios, hoy sabemos que *los cambios medioambientales, conductuales, mentales y emocionales* pueden activar miles de genes que antes se consideraban permanentemente durmientes o desactivar otros antes considerados permanentemente activos.

El nuevo paradigma que emerge de estos diversos estudios genéticos y epigenéticos es que de un conjunto de mapas genéticos pueden derivar muchos resultados diferentes. Hermanos gemelos que nacen con las mismas partes de su ADN activadas al final de su vida pueden tener activadas partes de su ADN muy distintas. Nuestros genes no tienen un destino inevitable, preprogramado y rígidamente codificado, sino que influencias exteriores, como las conductas y hasta lo que pensamos y sentimos, pueden alterar sustancialmente la activación de los genes y su expresión.

Es imposible conciliar las nuevas pruebas de la expresión génica flexible con la idea de que el ADN es el cerebro preprogramado de la célula. Un ADN que activara y desactivara los genes sin otra mediación se parecería mucho a las famosas *Manos dibujando* de M. C. Escher, una de las cuales dibuja la otra y esta otra dibuja la primera, o a un ordenador que pudiera decidir por cuenta propia qué programas utilizar.

Así pues, ¿cómo es posible que un influjo exterior pueda activar y desactivar los genes o alterar la expresión génica de un mismo gen, algo que según el modelo convencional es imposible? Puede que la clave esté en el campo emergente de la *biología cuántica*.

La biología cuántica, como su nombre indica, es el estudio de los efectos cuánticos en los sistemas vivos, concretamente los efectos cuánticos no locales. Hasta hace poco, se creía que los efectos cuánticos no locales eran imposibles en el entorno cálido y húmedo de los sistemas vivos. Sin embargo, nuevos descubrimientos fascinantes demuestran que tal idea era equivocada.

El primer descubrimiento bien cimentado de la biología cuántica es su explicación de la asombrosa eficacia de la fotosíntesis.[15] Los científicos saben desde hace mucho tiempo que la fotosíntesis de las plantas es mucho más eficaz para atrapar la energía del sol de lo que pueda imitar cualquier proceso químico no vivo. Resulta que la razón de la sorprendente eficacia de la fotosíntesis es el *entrelazamiento cuántico*.

La función de la molécula de clorofila es trasladar la energía del sol a un centro de fotorreacción donde la energía electromagnética solar se convierte en energía química. Los biólogos cuánticos descubrieron hace poco que cientos, incluso miles, de moléculas de clorofila, al transmitir la energía del sol, vibran *perfectamente sincronizadas*. Para ello forman un cristal líquido, es decir, se alinean exactamente de la misma forma, exactamente en la misma fase (como remeros que siguen un ritmo perfecto) y exactamente a la misma frecuencia. Esta sincronía perfectamente coordinada convierte todas las moléculas de clorofila en una especie de superconductor biológico, lo cual hace posible el traslado sumamente eficiente del *quántum* de luz solar de una molécula de clorofila a otra. El fenómeno se llama *transmisión de energía de resonancia*.

Puede parecer una sorpresa más que se lleva la ciencia, pero esta resonancia molecular coordinada no se produce en los sistemas no vivos. De hecho, según el pensamiento convencional de la mecánica cuántica, cada molécula de clorofila debería bailar a su propio ritmo: sin alineamiento, frecuencia ni fase con todas las demás moléculas de clorofila. En el lenguaje de la física cuántica, cada molécula de clorofila debería comportarse con *decoherencia*.

En cambio, las moléculas de clorofila se comportan coherentemente. Tener cientos, incluso miles, de moléculas de clorofila en el mismo alineamiento, la misma fase y la misma frecuencia significa que todas estas moléculas han de compartir el mismo estado cuántico. Dicho de otro modo: los cientos o miles de moléculas de clorofila han de estar *entrelazadas cuánticamente*.

En el capítulo anterior analizábamos la idea de entrelazamiento. Explicaba experimentos en los que fotones gemelos comparten un mismo estado cuántico. La transferencia de energía de resonancia en las plantas funciona de modo parecido a la de los fotones gemelos pero a escala mucho mayor. Cientos de miles de moléculas de clorofila se mantienen *indefinidamente* en un único estado cuántico.

También analizábamos en el capítulo anterior la idea de que el reino de la energía contiene la plantilla holográfica del reino físico y, por tanto, la información que determina todas las propiedades y todos los comportamientos físicos. Si miles de moléculas de clorofila se mantienen en un estado entrelazado coherente, la *información* —la causa determinante del estado coherente— procede del energiverso no local, no del universo físico local. Dicho de un modo sencillo, la plantilla de energía holográfica *controla* las moléculas de clorofila y las mantiene en un mismo estado cuántico.

El descubrimiento de la transferencia de energía de resonancia en las plantas forma parte de la oleada de descubrimientos de otros efectos cuánticos no locales en otros organismos vivos. Las pruebas apuntan a que los tejidos de todos los organismos vivos se encuentran con frecuencia en estados entrelazados coherentes. Una prueba fundamental es el descubrimiento de la presencia ubicua de *cristales líquidos* en los tejidos de todos los organismos vivos.

Los átomos o moléculas de los cristales *sólidos*, desde el hielo hasta los diamantes, se alinean en una estructura reticular uniforme. La estructura reticular da a los cristales unas cualidades que los sólidos corrientes compuestos de los mismos átomos o moléculas no poseen. El ejemplo clásico son el carbón y el diamante. El carbono, en forma de no cristal como es el caso del carbón, es relativamente blando y opaco; en cambio, en forma cristalina, como en el diamante, es traslúcido y extremadamente duro. La estructura ordenada de cristal le da muchas propiedades, como una mejor conductividad eléctrica, que los sólidos corrientes de los mismos átomos y moléculas no poseen.

Los cristales *líquidos* comparten muchas de las propiedades de los cristales sólidos pero, como su nombre indica, un cristal líquido tiene la flexibilidad de un líquido aunque sus moléculas puedan permanecer orientadas en red. Al igual que los sólidos, los cristales líquidos tienen propiedades de las que series amorfas de las mismas moléculas carecen.

Actualmente, los biólogos están encontrando estructuras orgánicas de cristal líquido en los organismos vivos. En un estudio de 1998, «Los organismos como cristales líquidos polifásicos», la genetista y bióloga cuántica Mae-Wan Ho y su equipo fueron los primeros en desarrollar una técnica nueva de interferencia color-imagen, con la que podían detectar, no invasivamente, dominios cristalinos líquidos en organismos vivos.[16] Les sorprendió encontrarlos prácticamente en todos los tejidos vivos. Más aún, el equipo de Ho descubrió que los cristales líquidos orgánicos, a diferencia de los cristales sólidos, pueden estar más o menos en fase, es decir, el alineamiento, la fase y la frecuencia del cristal líquido pueden ser más o menos pronunciados; son, pues, polifásicos.

Otros estudios revelan que las paredes celulares de todos los cincuenta billones de células del cuerpo humano adulto se comportan como cristales líquidos. Se dice que las moléculas que forman la pared celular tienen forma de piruleta: la cabeza de la piruleta está orientada hacia fuera para formar una barrera y el palo apunta al centro de la célula. Este *alineamiento cristalino* coordinado de las piruletas crea una barrera impermeable para los átomos y las moléculas de fuera de la célula. También hay una pared celular interior que se forma del mismo modo, con la salvedad de que las cabezas de las piruletas están orientadas hacia el interior de la célula y los palos hacia la pared exterior, formando así una barrera interior perfecta justo dentro de la otra barrera.

La pared celular cristalina líquida controla de forma independiente una de las funciones más importantes de la célula. Cambiando la orientación reticular cristalina de las moléculas en forma de piruleta para crear aberturas, la pared celular solo deja pasar lo que quiere que pase y deja fuera solo lo que quiere dejar fuera. En *La biología de la creencia*,* Bruce Lipton explica:

Con el estudio de los organismos más primitivos de este planeta, los procariotas, los biólogos celulares comprendieron las sorprendentes capacidades de la membrana celular. Los procariotas, en los que se incluyen las bacterias y otros microbios, están compuestos solo de una membrana celular que envuelve una gotita de citoplasma viscoso. Los procariotas representan la vida en su forma más primitiva, pero tienen una finalidad. La bacteria no rebota por su mundo como una bola de *pinball* (milloncete). La bacteria realiza los procesos fisiológicos básicos de la vida como otras células más complejas. La bacteria come, digiere, respira, excreta materia residual y hasta muestra procesamientos «neurológicos». Puede sentir dónde está el alimento e impulsarse hacia ese punto. Asimismo, puede reconocer las toxinas y los depredadores y efectuar a propósito maniobras de huida para salvar la vida. En otras palabras, los procariotas demuestran inteligencia. Y ¿qué estructura de la célula procariota le da su «inteligencia»? El citoplasma de los procariotas no tiene orgánulos evidentes, como el núcleo y las mitocondrias,

---

* Párrafo traducido directamente del original inglés (*The Biology of Belief*) tal como lo reproduce el autor. (N. del T.)

que se encuentran en células eucariotas más avanzadas. La única estructura celular organizada que se puede considerar candidata a cerebro del procariota es su membrana celular.[17]

Otra confirmación de la presencia ubicua de cristales líquidos en el cuerpo se basa en el descubrimiento que el embriólogo ruso Alexander Gurwitch hizo en 1920. Descubrió que nuestros cuerpos emiten fotones muy débiles, llamados biofotones, algo ampliamente aceptado. En la pasada década de los setenta, Fritz-Albert Popp e investigadores de la Universidad de Marburgo, en Alemania, y posteriormente del Instituto de Investigaciones Celulares Biofísicas, también de Alemania, aplicaron el descubrimiento de Gurwitch al estudio de la estructura cristalina del cuerpo humano.

El equipo de Popp, basándose en el modelo bioquímico convencional, esperaba encontrarse con que *cada* emisión de biofotones se produjera en tiempos y frecuencias aleatorios. Pero lo que observaron fue que *casi todas* las emisiones de biofotones se producían en fase: en los mismos tiempos, con la misma frecuencia. Su descubrimiento apunta a que, del mismo modo que las células de clorofila están alineadas y sincronizadas durante la transferencia de energía de resonancia, *la mayoría de los tejidos del cuerpo humano se hallan en estados cuánticos coherentes continuamente entrelazados.*

Un artículo reciente sobre el comportamiento de las células del cerebro, publicado en la revista *Neuron*, demuestra que las células cerebrales cambian el ritmo de vibración con frecuencia, un hecho que en el artículo se denomina «oscilaciones *zeta* y gamma de alta y baja frecuencia».[18] Además, los autores del estudio descubrieron que grupos independientes de células cerebrales, ubicadas en zonas diferentes del cerebro, están a menudo en la misma frecuencia y fase.

Otro descubrimiento importante es que el ADN también se comporta como un cristal líquido.[19]

Si, contrariamente al modelo bioquímico y a la teoría genética convencionales, el ADN solo es una *colección de mapas* para crear proteínas —pero no contiene una codificación programada para controlar los tiempos y el uso de los mapas de las proteínas—, la información de control que determina qué proteínas se producen, y cuándo, ha de proceder de otro sitio. La biología cuántica apunta a que la información de control es no local; el principio holográfico de la teoría de cuerdas sugiere que la información controladora está contenida en una plantilla de energía holográfica no local: a través del puente de información desde lo no local a lo local, conocido como entrelazamiento cuántico o coherencia cuántica, una plantilla de energía holográfica puede controlar la molécula de ADN de cristal líquido y coordinar qué proteínas fabrica una célula y cuándo lo hace.

Con los descubrimientos de la epigenética y la biología cuántica que acabo de exponer, está surgiendo un nuevo modelo biológico cuántico. Es indudable que en los organismos vivos se producen continuamente procesos bioquímicos conocidos; sin embargo, también se produce otro proceso más sutil: las estructuras de cristal líquido del interior de nuestros tejidos, incluido el ADN, activan y desactivan la coherencia cuántica, permitiendo con ello que la información procedente de nuestra plantilla energética holográfica inicie y coordine los procesos vitales que tienen lugar en nuestro cuerpo físico.

La incapacidad de trascender del marco [bioquímico] mecanicista hace que la gente insista en preguntar qué partes [del cuerpo] tienen el control, o dan instrucciones o facilitan información. El reto al que todos nos enfrentamos es el de reconsiderar el procesamiento de la información en el contexto del conjunto orgánico [cuántica-mente] coherente.

MAE-WAN HO, genetista y bióloga cuántica[20]

Justo detrás de la estructura corporal se esconde un sutil mecanis-mo espiritual.

SRI YUKTESWAR[21]

Debemos liberar al hombre del cosmos creado por el genio de los físicos y los astrónomos, ese cosmos en que, desde el Renacimien-to, ha estado encarcelado. Hoy sabemos que [...] nos prolongamos fuera del continuo físico [...] En el tiempo, y también en el espacio, el individuo se extiende más allá de las fronteras de este cuerpo. Pertenece también a otro mundo.

DR. ALEXIS CARREL, premio Nobel[22]

Este nuevo paradigma biológico-cuántico, en el que los do-minios de cristales líquidos de nuestro cuerpo físico activan y desactivan el entrelazamiento cuántico coherente con un cuer-po energético no local semejante a una plantilla, explica muchas cosas que el modelo convencional no puede esclarecer.

Con el modelo convencional, es muy difícil explicar el asom-broso grado de coordinación de todos los procesos bioquímicos que tienen lugar en el cuerpo humano. En cada célula se produ-cen aproximadamente cincuenta mil eventos bioquímicos *cada segundo*. Si multiplicamos los cincuenta mil eventos bioquímicos de cada célula por los cincuenta billones de células que se calcula que tiene el cuerpo humano adulto, *cada segundo* se producen en el cuerpo humano *2,5 trillones de eventos bioquímicos coordinados*.

Ante la improbabilidad de que el ADN sea el cerebro pre-programado de la célula, *toda* la coordinación de esta enorme complejidad debería recaer, según el modelo biomecánico convencional, en el cerebro y el sistema nervioso. Sin embargo, por muy complejos que sean uno y otro, no son lo suficientemente rápidos ni vastos para ejercer el control de esos 2,5 trillones de eventos por segundo.

Como ejemplo, el sorprendente resultado de un estudio dirigido por C. F. Hebb demuestra que, según el modelo bioquímico del cuerpo, sería *imposible* que un pianista tocara un fragmento rápido de música.[23] Después de un minucioso estudio, Hebb llegó a la conclusión de que el tiempo necesario para que las señales neuronales vayan de las manos al cerebro, se integren en este y a continuación se envíen nuevas señales neuronales a las manos es sencillamente demasiado largo para que el pianista pueda coordinar las manos mientras ejecuta fragmentos difíciles. En el modo *prestissimo* (el tempo más rápido, de doscientas pulsaciones por minuto o más), el pianista ha de ejecutar múltiples notas antes de que el viaje de ida y vuelta al cerebro se pueda completar.[24]

Así pues, ¿cómo es posible que el sistema nervioso controle 2,5 trillones de eventos químicos por segundo si es incapaz de controlar el rápido movimiento de los dedos de un pianista? Si, por el contrario, la coordinación se llevara a cabo a través de los tejidos de nuestro cuerpo mientras se encuentran en estados coherentes entrelazados, las señales se moverían de forma instantánea por el reino esencialmente carente de distancias y no local que interpenetra nuestro cuerpo.

El modelo bioquímico no cuántico convencional tiene otro problema importante: no puede explicar los cambios físicos rápidos, casi instantáneos, que se producen en el cuerpo humano. De todos los argumentos que avalan la presencia de un cuerpo energético holográfico entrelazado, es posible que el cambio fisiológico instantáneo sea el más convincente. Y la fuerza de las pruebas del cambio fisiológico instantáneo, como veíamos en el capítulo uno, reside en los estudios llevados a cabo con personas aquejadas del trastorno de personalidad múltiple (TPM). Se ha observado que estas personas, en condiciones clínicas controladas, muestran cambios fisiológicos con una rapidez asombrosa.

El trastorno de personalidad múltiple hace que quien lo padece manifieste muchas personalidades diferentes. Cada personalidad es distinta. Cada una tiene características y tendencias particulares. Algunas corresponden a niños pequeños aunque se trate de un paciente adulto. Las diferentes personalidades suelen responder a nombres distintos. Algunas tienen un talento especial, como el de tocar un instrumento musical que otras personalidades no saben tocar. Algunas incluso saben hablar lenguas extranjeras que otras son incapaces de hablar.

Menos conocido es que cada personalidad experimenta cambios fisiológicos distintos, algunos de ellos espectaculares, al pasar (en un tiempo que va de pocos segundos a unos minutos) de una personalidad a la siguiente. El doctor Philip M. Coons, que reunió los resultados de más de cincuenta estudios sobre los cambios fisiológicos experimentados por personas que padecían el TPM, documenta que los rápidos cambios fisiológicos de quienes padecen este trastorno se han evaluado utilizando aparatos y técnicas médicos modernos, entre ellos el electroencefalograma, los potenciales evocados visuales, las respuestas galvánicas de la piel, la electromiografía, la monitorización regional del flujo sanguíneo cerebral, el análisis espectral de la voz, el mapeo de la actividad eléctrica del cerebro y el electrocardiograma.[24] Las mediciones realizadas con estos instrumentos así como los métodos observacionales sistemáticos certifican sin lugar a dudas que cuando una personalidad cambia a otra efectivamente se producen alteraciones que después se desvanecen. En otras palabras, lo que vamos a ver a continuación es incuestionable. Está bien documentado y fue analizado utilizando sofisticados instrumentos científicos.

El análisis espectral de la voz revela la huella de voz exclusiva de cada individuo. Ni siquiera los más hábiles humoristas, que pueden imitar a la perfección la voz de muchas personas conocidas, son capaces de escapar del análisis espectral de la voz: su huella de voz subyacente sigue inmutable cualquiera que sea la persona a la que imiten, como el actor que representa muchos papeles pero siempre tiene las mismas huellas dactilares.

Por otro lado, se ha observado repetidamente que los pacientes de TPM, en condiciones clínicas controladas, muestran cambios fisiológicos increíblemente rápidos, algo que para el modelo bioquímico convencional es imposible. Según este modelo, los genes determinan la estructura que da origen a nuestra exclusiva huella de voz. Dicho modelo argumenta que, para que cada personalidad tenga su propia huella de voz, cada una de ellas debería estar manifestando una expresión génica única, quizás incluso unos genes únicos. Y se ha observado que las personalidades del TPM escriben con distinta mano, es decir, con la derecha o la izquierda. La idea convencional es que el hecho de ser zurdo o diestro está determinado genéticamente. Lo que los hechos observados indican es que los individuos que padecen el TPM muestran cambios fisiológicos cuya única explicación es que sean fruto de *cambios genéticos instantáneos.*

Una personalidad puede ser alérgica, por ejemplo, a la picadura de abeja, mientras que otra no lo es. Una personalidad puede ser diabética, una condición que requiere años de desarrollo e insulina para ser controlada, mientras que otras no lo son. Y como veíamos en el capítulo uno, cada personalidad del TPM puede tener distintas características visuales. Los oftalmólogos han analizado detenidamente a personas con TPM sirviéndose de la refracción (evaluación de los errores de refracción o astigmatismo), la agudeza visual (medición de la capacidad visual, por ejemplo una visión 20/20), la tensión ocular (medición de la presión intraocular), la queratometría (medición de la curva de la córnea) y la visión del color (medición de la precisión en la detección de los colores).

En un estudio, un paciente de TPM pasó por diez personalidades distintas en menos de una hora. Se dispuso de un oftalmólogo para realizar una serie exhaustiva de mediciones para cada personalidad. Una vez examinados los resultados se descubrió que *los ojos de cada una de las diez personalidades tenían características visuales significativamente distintas de las del resto*. Estos no son los cambios fisiológicos normales que pueden experimentar los ojos de cualquiera a lo largo de un determinado período, por largo que sea. Es como si los ojos de cada personalidad pertenecieran a un cuerpo completamente distinto. En otros estudios, algunas personalidades no perciben los colores azul y verde, mientras que otras los perciben claramente. Una personalidad tiene astigmatismo, y las otras no. Incluso una personalidad tiene el iris de un color distinto del de las demás.

Un paciente de TPM mostraba pinchazos en el brazo solo cuando aparecía la personalidad que creía que era drogadicta, aunque no se había inyectado droga alguna. Con la ida y venida de personalidades aparecen y desaparecen sarpullidos, verrugas, cicatrices y otras características de la piel. Una personalidad de un joven reaccionaba a la hiedra venenosa, incluso con ampollas llenas de líquido en la piel. Al pasar a otra personalidad, las ampollas desaparecían en pocos minutos.

La sorprendente lista de anomalías fisiológicas que se encuentran entre las personas con TPM sigue y sigue. Pero todos los fenómenos extraños e inusuales observados clínicamente tienen algo en común: *todos son imposibles*, al menos según el modelo bioquímico convencional de cómo funciona nuestro cuerpo. La idea del cuerpo como una máquina biológica no ofrece ninguna explicación de cómo pudo producirse ninguno de estos fenómenos. Según el modelo convencional, ninguno de estos cambios debería haber podido producirse con la rapidez con que se produjeron; muchos de ellos, como las distintas huellas de voz, el uso preferente de la mano derecha o la izquierda, la agudeza visual, la ceguera a determinados colores o el color del iris, no deberían haber tenido lugar de forma sucesiva en un cuerpo, y punto, porque requerirían la presencia de genes diferentes.

¿Cómo se pueden producir, entonces, estos cambios?

El mundo visible es la organización invisible de la energía.

HEINZ PAGELS, antiguo director ejecutivo
de la Academia de Ciencias de Nueva York[25]

Nuestro cuerpo, como el universo, *es creado continuamente* a partir de nuestro cuerpo energético holográfico semejante a una plantilla. El momento en que se produce el cambio en nuestro cuerpo energético holográfico es el momento en que se produce el cambio en la proyección holográfica que conocemos como nuestro cuerpo físico. Nuestros cuerpos físicos no son inamovibles, sino energía disfrazada de materia. Tampoco existen independientemente. Son el resultado momento a momento de energías *no locales* que interactúan con nuestra plantilla energética holográfica bidimensional, cuyo resultado es el cuerpo físico tridimensional proyectado holográficamente.

El modelo convencional de la máquina bioquímica del cuerpo no tiene forma de explicar cómo pueden producirse los cambios instantáneos. El paradigma biológico cuántico, por otro lado, en el que el cuerpo físico está entrelazado inseparablemente con un cuerpo energético holográfico interpenetrante, *sí* tiene una respuesta. Nuestro cuerpo físico es el resultado de la organización invisible de la energía; cambiemos la organización de la energía, a la velocidad que sea, y cambiaremos el cuerpo físico a esa misma velocidad.

La idea científicamente asentada de que existimos simultáneamente en múltiples reinos hace mucho más que ofrecer un nuevo modelo para los seres vivos; también abre la puerta a la ciencia a comprender cómo puede haber *vida después de la muerte*. Desde el punto de vista del modelo bioquímico convencional, que parte de la premisa de que la vida bioquímica es puramente física, la vida después de la muerte es imposible. Desde la perspectiva del modelo biológico cuántico multidimensional, *ya existimos en la vida posterior a la muerte*.

La muerte física es la retirada de la organización invisible de la energía del cuerpo físico. Cuando la influencia del cuerpo energético holográfico semejante a una plantilla cesa, el cuerpo físico pierde su coherencia entrelazada coordinada con su cuerpo energético holográfico. Desaparecida la coherencia, el cuerpo físico empieza a reaccionar a las fuerzas de la entropía —el orden se convierte en desorden, la energía pierde el equilibrio— y se descompone en átomos y moléculas desprovistos de vida.

Sin embargo, aunque el cuerpo físico deje de funcionar, nuestro cuerpo energético sigue existiendo. Imaginemos que el cuerpo físico es una marioneta hecha con un calcetín. Si sacamos la mano del calcetín, la marioneta «muere», pero la mano que estaba dentro del calcetín sigue existiendo. Nuestro cuerpo energético no local interpenetrante es la mano que está dentro del calcetín dando forma a la marioneta.

Lo que los santos, sabios y personas que han tenido experiencias cercanas a la muerte muestran es que cuando morimos dejamos de percibir a través de los detectores de baja frecuencia que conocemos como sentidos físicos; en su lugar, inmediatamente empezamos a percibir con medios más sutiles nuestro cuerpo energético de frecuencia superior y el energiverso:

Poniendo como ejemplo la radio, esta aceleración se puede comparar a haber vivido siempre en una determinada frecuencia de radio y de repente aparece algo o alguien y cambia de sintonía. Este cambio nos coloca en una frecuencia distinta. La frecuencia original en la que antes vivíamos sigue existiendo. No ha cambiado. Todo es exactamente igual a como era. Solo nosotros hemos cambiado, y nos aceleramos para poder entrar en la radiofrecuencia siguiente del dial. Con nuestra velocidad de vibración nos ajustamos a nuestro particular punto del dial. Al morir cambiamos de frecuencia. Sintonizamos de nuevo con la vida en otra longitud de onda. Seguimos siendo un punto del dial pero avanzamos o retrocedemos una o dos muescas. Cuando fallecemos no morimos. Cambiamos nuestra conciencia y la velocidad de vibración. Esto es la muerte [...] un cambio.

P. M. H. ATWATER, protagonista de una
experiencia cercana a la muerte, investigadora de
estas experiencias y autora de *Retorno de la muerte*[26]

Hay muchos reinos que ocupan el mismo espacio que el reino físico, como cajas dentro de otras cajas. El reino físico no es más que una de las cajas del conjunto jerárquico de cajas. Esto significa que en este mismo momento ya estamos realmente en la llamada vida posterior a la muerte.

Kevin Williams, investigador de las experiencias cercanas a la muerte y autor de *Nothing Better than Death*[27]

Nunca había pensado que pudieran existir cosas como las realidades coexistentes. Nunca imaginé que pudiera haber reinos concurrentes. Me di cuenta de que en la vida la muerte no es más que el otro lado de una puerta por la que no podía ver «normalmente». Así, también, en la muerte, la vida y la tierra de los «vivos» estaban al otro lado de un velo muy fino.

Lynnclaire Dennis, autora de *The Pattern*[28]

Nuestro cuerpo físico está controlado, sostenido y creado, momento a momento, por nuestro cuerpo energético. El entrelazamiento cuántico del cuerpo energético con nuestros tejidos de cristal líquido es el puente por el que la información holográfica contenida en nuestro cuerpo energético transita hacia el cuerpo físico. El ADN solo es un conjunto de mapas. La decisión de qué proteína fabricar no se comunica desde un código predeterminado del ADN, sino desde el holograma del cuerpo energético al cuerpo físico. El cambio fisiológico instantáneo es posible porque la ilusión lumínica de nuestro cuerpo es energía disfrazada de materia. Cambiemos la organización, a la velocidad que sea, y el cuerpo físico cambiará a la misma velocidad.

Ya habitamos en nuestro cuerpo energético. Sentimos e interactuamos con él continuamente, no solo cuando morimos. Lo sentimos y experimentamos en cada momento, aunque no lo podamos percibir directamente con los sentidos físicos. El cuerpo energético es la fuente de nuestra energía vital, nuestros sentimientos, nuestras preferencias, nuestros rechazos y nuestras motivaciones. *El cuerpo energético es la fuente de la mayor parte de lo que pensamos y lo que nos consideramos.* Está en *nosotros* de forma continua, sólida e integral.

La muerte solo es la pérdida del cuerpo físico, el desprendimiento de los ropajes que cubren el cuerpo energético; no es el final de nuestra existencia. Cuando el cuerpo físico muere, nos adaptamos a la conciencia exclusiva de nuestro cuerpo energético. Y cuando trascendamos de las limitaciones que nos confinan en el cuerpo físico —como atestiguan los santos, sabios y personas que han vivido experiencias cercanas a la muerte—, sentiremos una libertad y una conciencia que no tienen nada que ver con las que se pueden experimentar a través de él.

Capítulo 7

LA PELÍCULA CÓSMICA DIRIGIDA CON INTELIGENCIA

El principio holográfico de la teoría de cuerdas sugiere que el universo físico es una película cósmica: la proyección holográfica tridimensional que llamamos universo está creada por la plantilla energética holográfica bidimensional no local del universo en interacción con las energías superiores del energiverso, como la luz del proyector que se muestra a través de una película.

Pero ¿cómo se hace la «película» holográfica? ¿Por qué el energiverso bidimensional, que contiene los cielos y la plantilla de todo el universo, tiene el alto grado de orden inteligente que tiene?

Ya hemos encontrado algunas pistas que ayudan a responder esta pregunta: la capacidad de los pacientes de TPM de cambiar su cuerpo físico, el efecto placebo, la prueba del programa PEAR de que podemos influir en los resultados de los procesos físicos, la prueba del programa Stargate de la CIA de que la información puede pasar de una mente a otra y los experimentos de doble rendija de la física cuántica que indican la necesaria presencia de un observador inteligente para que la energía pase del estado de onda al de partícula.

El elemento común de todas estas pistas es la *conciencia inteligente*. De la conciencia inteligente no local procede la información —y las leyes inherentes— que crea la «película» holográfica que, a su vez, crea la película cósmica que conocemos como universo. Nuestra propia conciencia inteligente crea nuestro propio holograma y este crea nuestro propio pequeño papel en la película cósmica que entendemos como nuestro cuerpo físico.

La mayoría de nosotros damos por supuestas la inteligencia y la conciencia. Experimentamos los pensamientos como sucesos efímeros sin relación notable con nuestro cuerpo físico ni el mundo que nos rodea. Pero, como tal vez vayas apreciando cada vez más, los pensamientos son *poderosos*. Por ejemplo, determinan continuamente, momento a momento, nuestro aspecto y nuestra condición física.

En la vida cotidiana no vemos que el aspecto y la condición física fluctúen ni cambien con cada pensamiento consciente porque los pensamientos que determinan nuestro aspecto y estado físico son convicciones profundas, subconscientes e incuestionables que, aunque queramos, son difíciles de cambiar. Nuestras ideas firmemente asentadas y que solo pueden cambiar muy despacio solamente pueden cambiar nuestro cuerpo físico con gran lentitud. Sin embargo, si desarrolláramos la capacidad de cambiar de forma inmediata nuestros pensamientos más profundos, podríamos modificar al instante nuestro cuerpo físico a nuestro antojo.

En el caso de las personas con TPM, el cuerpo cambia casi al instante. A medida que aparece cada personalidad con sus convicciones firmemente inapelables y profundamente conscientes sobre el aspecto, el estado de salud y las capacidades físicas, el cuerpo de cada personalidad se transforma inmediatamente para ajustarse a esas convicciones. Cuando los pacientes de TPM cambian a nuevas personalidades, cada una de estas está absolutamente *convencida* de que *su* cuerpo será como espera que sea: la personalidad drogadicta esperará ver los pinchazos en su brazo, o una determinada mujer esperará ver en el espejo unos ojos verdes que le devuelvan la mirada, aunque todas las demás personalidades que comparten ese cuerpo tengan los ojos marrones.

Afortunadamente, el trastorno de personalidad múltiple no nos afecta a la mayoría, pero nuestros pensamientos tienen exactamente la misma fuerza aunque es posible que no la veamos de forma tan inmediata. En 1968, los investigadores T. Luparello y E. R. Bleeker realizaron un ensayo médico con inhaladores para el asma. Se facilitaron inhaladores a cuarenta pacientes de asma y se les advirtió que contenían una sustancia irritante. En realidad, los inhaladores solo contenían vapor de agua. No obstante, después de usar el inhalador, casi la mitad del grupo de prueba experimentaba síntomas asmáticos como obstrucción de las vías respiratorias y en torno al 30 % padecía ataques asmáticos. A continuación, los investigadores le dieron a cada paciente un inhalador nuevo y le dijeron que contenía un medicamento que podía aliviarles los síntomas. Los inhaladores también contenían vapor de agua. Sin embargo, todos los pacientes se recuperaron.[1]

Como veíamos en el capítulo uno, el grupo del cáncer de estómago británico realizó en 1976 un ensayo con medicamentos para un posible tratamiento de quimioterapia para el cáncer gástrico. Los resultados del estudio se publicaron en el *World Journal of Surgery* en mayo de 1983.[2] En él participaron cuatrocientos once pacientes. El estudio se prolongó varios meses, durante los cuales el 30 % de los pacientes a los que solo se les dio un placebo consistente en una solución salina sin componentes activos *perdieron el pelo*.

El método del placebo se ha utilizado en diversos procedimientos quirúrgicos.[3] Se hace ver al paciente que se lo opera —entra en el quirófano, es anestesiado, se le practican incisiones, se suturan y después el paciente recibe cuidados intensivos—, pero no es sometido a ninguna intervención quirúrgica real. También en estos casos, un elevado porcentaje de los pacientes a quienes se les ha simulado la intervención se curan de importantes dolencias físicas preexistentes.

Como demuestran todos estos ejemplos, las personas que han recibido un placebo o un tratamiento con placebos, pero estaban convencidas de que estaban probando un nuevo medicamento o procedimiento quirúrgico, muestran importantes cambios fisiológicos. Y la reacción no se limita a un reducido porcentaje. Quienes toman placebos muestran un índice superior al 50 % *de reacción positiva* a la dolencia de la que creían que se los estaba tratando.

La mera *idea* de que se esté ensayando con ellas un medicamento potencialmente efectivo o una técnica quirúrgica hace que las personas cambien convicciones profundamente asentadas sobre su estado de salud. Como en el caso de los pacientes de TPM, cuando cambia el convencimiento, cambia también el cuerpo físico. El cambio inducido por placebos a veces se puede producir de forma inmediata (como en el ejemplo de los inhaladores placebo), pero en general ocurre de forma más lenta que los cambios espectacularmente rápidos de quienes padecen el TPM, porque la velocidad del cambio depende de las *expectativas mentales*, es decir, de las convicciones de quien toma el placebo. Si, por ejemplo, la persona está plenamente convencida de que *poco a poco* se le va a ir cayendo el pelo, así ocurre.

En el campo médico está muy extendida la tesis de que existe una explicación puramente biomecánica del efecto placebo: el cerebro libera neuropéptidos y neurotransmisores como respuesta a los pensamientos generados en él. Estos mensajeros químicos se desplazan por el flujo sanguíneo transmitiendo mensajes a las incontables células, y así desencadenan los procesos bioquímicos que dan origen a los cambios.

Es verdad que las neuronas cerebrales liberan constantemente neuropéptidos y neurotransmisores, y que la finalidad de tal liberación es alterar la química del cuerpo, pero hay un sólido contraargumento para explicar por qué su efecto no elimina la necesidad de una explicación más sutil del efecto placebo. Los neuropéptidos y neurotransmisores que estimulan procesos bioquímicos conocidos no pueden explicar, ni mucho menos, la velocidad del cambio fisiológico de quienes padecen el TPM.

Hay, además, otras razones para aceptar el poder de los pensamientos: disponemos de pruebas más que amplias de que nuestros pensamientos pueden afectar a los de otras personas —*telepatía*— y a la materia que se encuentra fuera de nuestro cuerpo físico —*telequinesia*—.

Miles de estudios confirman la realidad de la telepatía y la telequinesia. Aunque a la ciencia tradicional le cuesta aceptar los resultados de estos estudios, no se puede negar que lo que pensamos puede afectar a la materia e interactuar con los pensamientos de otras personas. Diversos experimentos llevados a cabo en cientos de laboratorios de todo el mundo —entre ellos, los de la Universidad Stanford y su otrora filial, el Instituto de Investigaciones Stanford (SRI, por sus siglas en inglés), el Instituto Rhine de la Universidad Duke, el PEAR de Princeton, la Universidad Cornell, el Instituto de Ciencias Noéticas y los laboratorios

Stargate de la CIA– aportan resultados científica y meticulosamente reunidos que confirman la existencia de tales fenómenos.

Si tienes alguna duda de que tales estudios han confirmado que el pensamiento existe fuera del cerebro y puede afectar a los pensamientos de otras personas y a la materia, te recomiendo la lectura del libro *Entangled Minds* [Mentes entrelazadas], de Dean Radin. El autor es actualmente el científico jefe del Instituto de Ciencias Noéticas. Antes de entrar a formar parte del equipo del instituto en 2001, había estado trabajando en los Bell Labs de AT&T, la Universidad de Princeton, la Universidad de Edimburgo y SRI International. En su libro habla con detalle de los rigurosísimos métodos que los estudios modernos sobre el pensamiento y la conciencia se han visto obligados a utilizar para rebatir las acusaciones de fraude y ciencia chapucera que se han hecho a este tipo de estudios en los últimos cien años. Y explica los resultados de diversos metaanálisis realizados por su equipo y de otros efectuados por diversos equipos de investigación de todo el mundo. El metaanálisis es una disciplina que se utiliza en muchas disciplinas convencionales. Juntando datos de cientos de pruebas –en muchos casos miles–, el metaanálisis puede amplificar efectos muy pequeños que de otro modo no sería posible evaluar y puede depurar problemas estadísticos que enturbian los resultados debido a la falta de rigor científico, un exponente del cual es la escasa divulgación de los experimentos fallidos.

Los que siguen son los datos más destacados del metaanálisis de dos tipos de experimentos sencillos pero reveladores: en muchos experimentos, realizados en diversos laboratorios por distintos equipos a lo largo de muchas décadas, se han hecho cientos de ensayos para ver si las personas pueden decir si se las está mirando (esto es una creencia ampliamente aceptada). Para verificar esta teoría, los investigadores colocan a los sujetos en una habitación aislada de cualquier electromagnetismo, sonido y vibración. No pueden ver, oír, sentir ni comunicarse con nadie. No hay forma natural alguna de que puedan sentir directamente la presencia de alguien que los esté mirando. Unas veces hay alguien que los mira y otras no. Las miradas se producen siguiendo un patrón elegido al azar.

Si fuera cierto que mirar a alguien no produce ningún efecto en la persona a la que se mira, las respuestas de los sujetos serían un simple ejercicio de adivinación y, en términos medios de los miles de pruebas, se deberían exclusivamente al azar: acertarían el 50 % de las veces, y se equivocarían aproximadamente el otro 50%. En cambio, en 33.357 pruebas los sujetos indicaron correctamente que alguien los estaba mirando una media del 54,5 % de las veces.

Puede no parecer mucho, pero una desviación del 4,5 % en una distribución de 50/50 en más de 30.000 pruebas es de suma, gigantesca importancia. Si una máquina lanza al aire una moneda 33.357 veces, el resultado medio será que saldrá cara el 50 % de las veces y cruz el otro 50 %, en todas y cada una de las pruebas que se hagan. Y cada vez que se realizase el experimento con más de 30.000 tiradas, aunque se hicieran un millón de experimentos con 30.000 tiradas en cada uno, el resultado *siempre* se ajustaría a lo que dispone el azar: saldría cara el 50 % de las veces aproximadamente, y cruz el otro 50 %. Si la mirada no tuviera ningún efecto en la persona a la que se mira, el resultado de 33.357 pruebas sería con certeza estadística de una distribución 50/50 de apuestas correctas e incorrectas. La probabilidad de una desviación de 4,5 % de una distribución del 50/50 respecto de estos experimentos es de 1 entre 10^{46}.[4]

Se ha realizado también otro experimento sencillo miles de veces: se pide a los sujetos que influyan en la tirada de dados. El metaanálisis citado en *Entangled Minds* examinaba los resultados conjuntos de un total de 2.500 personas intentando influir en el resultado de más de 2,6 millones de tiradas de dados. Una vez más, si realmente es imposible influir en el resultado de los dados, habrá que atribuir este al azar, exclusivamente. Pero no era esto lo que ocurría. Los resultados se desviaban unos pocos puntos porcentuales del patrón de distribución que era de esperar. También en este caso, el efecto era muy pequeño, pero las probabilidades de que los resultados se debieran exclusivamente al azar son de 1 entre 10^{76}.[5]

Experimentos destinados a comprobar la capacidad de enviar y recibir telepáticamente imágenes de una mente a otra han dado resultados estadísticos metaanalíticos igualmente desconcertantes. Los sujetos de estos experimentos mostraban capacidad de visión remota y de influir telequinésicamente en el resultado de sistemas físicos y electrónicos generados al azar como los que se utilizaban en los experimentos del PEAR expuestos en el capítulo uno.

Los abrumadores datos estadísticos indican que es *absolutamente incuestionable* que tenemos la capacidad telepática de recibir pensamientos de otras personas y de enviárselos, así como de influir telequinésicamente en la materia. Olvidémonos de engaños, sesgos y pseudociencia: son acusaciones que no se sostienen. Sencillamente, no se puede restar importancia a *todos* estos fenómenos meticulosamente observados.

¿Por qué, entonces, la ciencia oficial no acepta estos resultados?

El problema de los científicos convencionales es que ninguno ha encontrado todavía una energía, una sustancia, un campo o *algo medible* que, bajo observación en un marco experimental, explique el efecto del pensamiento en la materia o que el pensamiento pueda existir más allá del cerebro. Sin embargo, los datos indican con claridad que el pensamiento y la conciencia existen *efectivamente* fuera del cerebro y *pueden* afectar a la materia.

Los materialistas científicos se encuentran en un dilema: son incapaces de refutar lo evidente pero no están dispuestos a aceptarlo. Es posible que muchos compartan las ideas del profesor Richard Wiseman, psicólogo de la Universidad de Hertfordshire y distinguido escéptico ante todo lo paranormal, al que se citaba en un artículo publicado en el *Daily Mail* británico:

> Acepto que según los estándares de cualquier otra área de la ciencia la visión remota está demostrada, pero plantea una pregunta: ¿necesitamos pruebas de mayor rango cuando estudiamos lo paranormal? La visión remota es una propuesta tan extravagante que revolucionaría el mundo; por esto necesitamos pruebas abrumadoras.[6]

El dilema de los materialistas científicos se agrava considerablemente cuando la física cuántica interviene en el debate. Estos científicos, simplemente porque no quieren que sea verdad, vienen marginando cualquier cosa «paranormal», como la telepatía y la telequinesia, desde hace casi cien años, pero son incapaces de explicar las tantas veces demostrada necesidad de la física cuántica de un observador inteligente en la formación de la materia. El resultado se ha mantenido como una incoherencia deslumbrante en la tesis del materialismo científico de que el pensamiento se debe a procesos bioquímicos que tienen lugar *dentro* del cerebro físico y está confinado en él.

No daré por supuesto que recuerdas la explicación y las implicaciones de la paradoja del observador inteligente. Permíteme que lo resuma brevemente utilizando los mismos diagramas que ya has visto en el capítulo uno:

1. La energía electromagnética, incluida la luz visible, se puede comportar como una onda o como una corriente de partículas, un fenómeno conocido como *dualidad onda-partícula*. Contrariamente a lo que nos dice la intuición, la *materia* también muestra la dualidad onda-partícula. Lo que consideramos materia y, por consiguiente, que está hecho de partículas, también se puede comportar como una onda. Por esto los físicos suelen hablar de *onda de materia* para evitar tener que decir si algo está en forma de onda o partícula puesto que, dependiendo de la situación, puede ser una u otra.

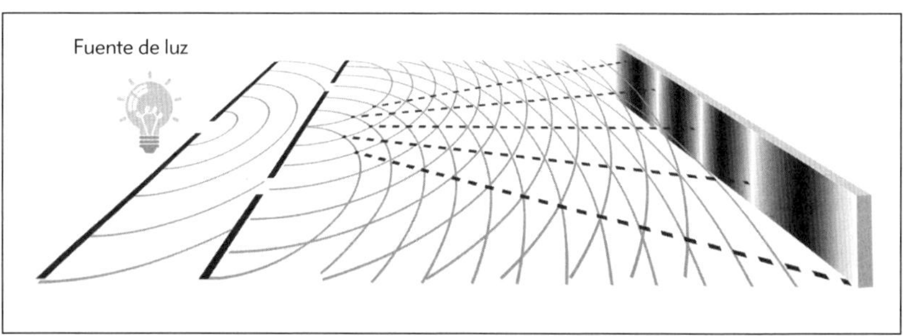

FIGURA 11. El característico patrón de ondas que interfieren entre sí se produce cuando la luz pasa por dos rendijas y choca contra un detector situado al otro lado. Donde se encuentran crestas con crestas y valles con valles las ondas se amplifican (líneas claras del detector de la derecha); donde se encuentran crestas con valles las ondas se anulan (líneas oscuras del detector).

2. Según los resultados de innumerables experimentos, la materia, sin ningún observador que la considere u observe, permanece en estado de onda. Solo se comporta como las partículas cuando un observador inteligente la considera.

3. Los experimentos demuestran que la luz que pasa por una doble rendija genera un patrón de interferencia

característico del modo en que las ondas de *cualquier* tipo, desde las de la luz hasta las del agua, interfieren entre sí.

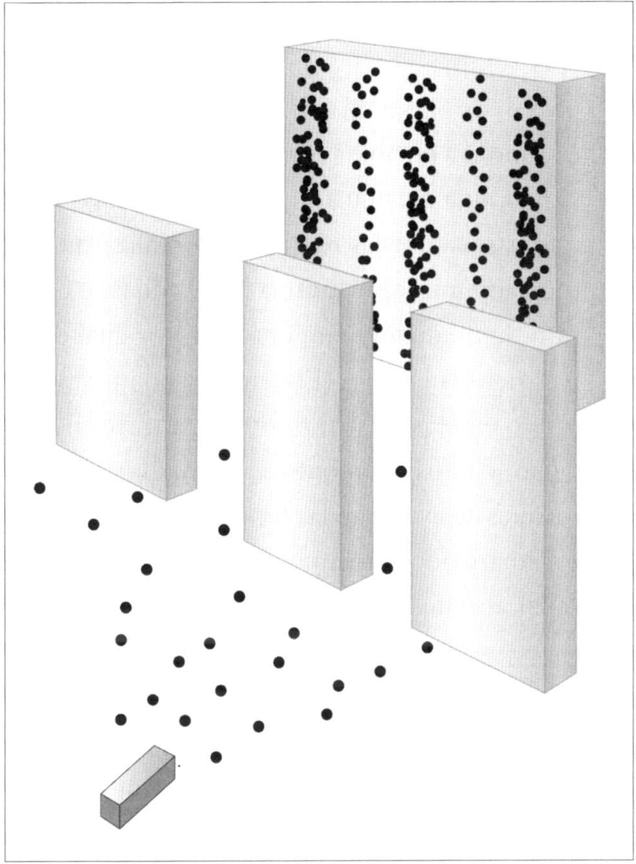

FIGURA 12. Lo que veían los investigadores, aunque los fotones fueran enviados uno a uno a través de las rendijas, era el mismo patrón de interferencia que se ve en la figura 11. Este patrón formado por fotones individuales es un poco más irregular que el que se produce con una fuente de luz continua, pero es inconfundiblemente el mismo patrón.

4. Al enviar fotones individuales (la forma de partícula de la luz) de uno en uno a través de las dobles rendijas, los

investigadores naturalmente esperaban que no observarían ningún patrón de interferencia. Esperaban ver en el detector dos conjuntos verticales de impactos de los fotones, unas series que formarían un patrón similar al que dejarían en una diana balas disparadas a través de esas rendijas. En cambio, para su asombro, vieron un patrón de *interferencia* (figura 12).

5. ¿Cómo era posible? ¿Cómo podía ser que un fotón individual, una partícula, interfiriera en algo si era lo único que pasaba por las rendijas? Se realizaron otros experimentos en los que junto a las rendijas se colocó un aparato de medición para detectar por cuál de ellas pasaba realmente el fotón. (El detector no interfiere de ningún modo en el paso de los fotones a través de las rendijas). Cuando al experimento se le añadía ese dispositivo, los fotones atravesaban las rendijas y golpeaban en el detector formando el mismo patrón que el de las balas disparadas con un arma (figura 13).

¿Oyes de nuevo la música de *En los límites de la realidad*?

Como explicaba en el capítulo uno, la única diferencia entre los dos experimentos era que el paso de los fotones por las rendijas *había sido medido por un observador*. Los científicos han repetido básicamente el mismo experimento una y otra vez, y en ningún caso se ha encontrado que el resultado contrario a la intuición se deba a algún error de procedimiento. Siempre que se ha realizado el experimento, el resultado, por mucho que los científicos se empeñen en que sea distinto, es el mismo: la medición de un observador inteligente siempre provoca que la onda de materia se comporte como materia, y en ausencia de esa medición, como una onda.

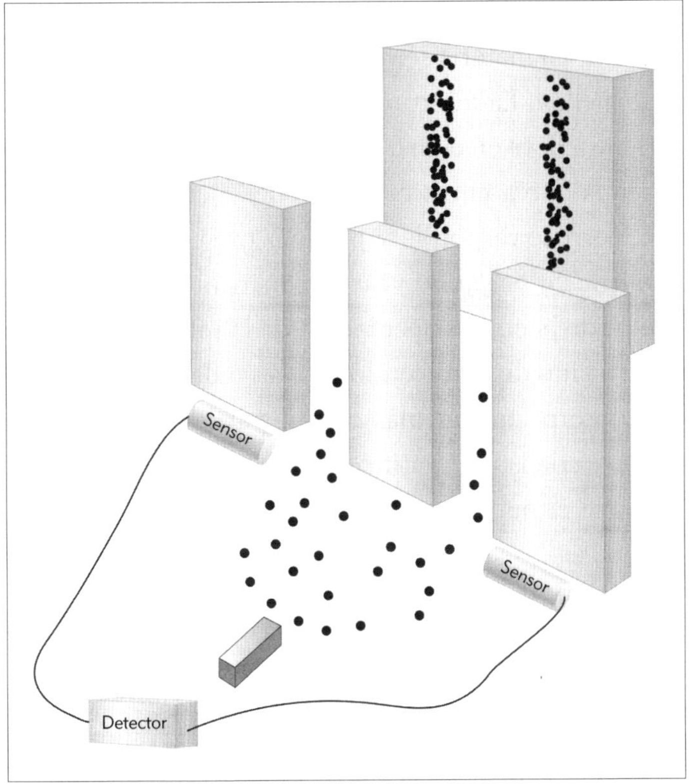

FIGURA 13. Una vez dispuesto el experimento para determinar por cuál de las rendijas pasaban los fotones, estos se comportaban como partículas, y generaban en el detector el patrón que se esperaría de pequeños trozos de materia.

La conclusión es que para la formación de la materia es necesaria, de algún modo, la presencia de un observador.

Como señalaba en capítulos anteriores, la búsqueda de una solución para el paradójico resultado de la medición por parte de un observador inteligente, y para otras «rarezas cuánticas», ha generado entre los físicos una serie de interpretaciones de la física cuántica. La interpretación de Copenhague, a la que me he referido anteriormente, se puede considerar la interpretación pragmática de la física de «calla y calcula». «No te preguntes por una realidad *más profunda*. No es necesario. Así es como funcionan las cosas. La materia se vuelve rara a tamaño cuántico. Acostúmbrate a ello». La interpretación pragmática de Copenhague se mantiene a flote en el mar del materialismo científico porque no sacude la barca con especulaciones ajenas al ámbito de lo material, pero no responde la pertinaz pregunta: *¿por qué* hay un efecto *observador inteligente*? Su pragmatismo funciona pero no satisface, y, de hecho, la aceptación de la interpretación de Copenhague ha ido disminuyendo a lo largo de los años.[7]

Una interpretación más nueva, particularmente atractiva para los materialistas científicos y que también ha despertado interés entre el público en general, es la interpretación de los mundos múltiples (IMM). Atrae de forma particular a los materialistas científicos porque ofrece la posibilidad de *eliminar por completo la necesidad de un observador inteligente*. Según la IMM, solo nos *parece* que para que la materia adopte la forma de partícula es necesario un observador inteligente, pero en realidad no existe ningún efecto *observador inteligente*.

Para entender cómo llega a tal conclusión la IMM, tenemos que ahondar un poco más en el carácter inherentemente probabilista de la mecánica cuántica.

Según la interpretación de Copenhague y otras muchas, la onda de materia se encuentra en un estado de potencial indeterminado: existe no localmente, así que no está en un lugar concreto, y es indeterminada, de modo que no posee unas propiedades específicas. Con el enfoque probabilista de la mecánica cuántica los físicos pueden prever dónde se va a formar más probablemente la onda de materia —entre una cantidad ingente de posibilidades— y qué propiedades tendrá al final. La mecánica cuántica prevé la mayor probabilidad utilizando una herramienta matemática conocida como *forma de onda*.

No es necesario que sepas con minuciosidad matemática cómo funciona la forma de onda probabilista, pero conviene que entiendas su idea básica: según muchas interpretaciones, en el momento en que una onda de materia adopta una determinada forma en una determinada ubicación, entre un grandísimo número de otras posibles formas y ubicaciones, se dice que la onda de forma probabilista ha *colapsado*. Además, y lo más importante, según casi todas las interpretaciones, la causa del colapso es la consideración por parte de un observador inteligente.

> La conciencia es el agente que colapsa la onda de un objeto cuántico.
>
> AMIT GOSWAMI, físico cuántico[8]

La versión abreviada de este axioma es que la medición por parte de un observador inteligente *colapsa la forma de onda*. Sin observador no hay colapso, ni hay materia.

Si el axioma es verdadero, si alguna influencia aún por medir que emana del observador inteligente hace que la forma de onda colapse, el materialismo científico no ofrece una explicación completa del cosmos. La presencia de tal influencia significaría que la materia y la energía no forman todo lo que existe o vaya a existir, que más allá de la materia y la energía hay algo más. Y, dado que la paradoja del observador inteligente apunta con fuerza a que el materialismo científico es básicamente incompleto, se entiende que sus adeptos hayan acogido con júbilo la interpretación de los mundos múltiples: creen que han encontrado una respuesta basada estrictamente en la interacción entre la materia y la energía a la paradoja del observador inteligente.

Esta es su respuesta: según la IMM, *todas y cada una de las muchísimas posibilidades* —relativas a dónde y en qué forma pueda manifestarse una onda de materia— *se manifiestan realmente*. La teoría de los defensores de esta interpretación es que aunque *nos parezca* que solo se manifestó una posibilidad y, por consiguiente, hubo un único colapso de la forma de onda con manifestación de un solo resultado, de hecho *también* se manifestaron todas las demás posibilidades, y cuando lo hicieron, causaron que nuestro universo se ramificara en tantos universos nuevos como posibilidades había.

¿Lo has entendido? La teoría de la IMM es que todas las posibilidades, por improbables que sean, se manifiestan y que, en el momento de manifestarse, cada posibilidad causa que *todo el universo* se ramifique o brote como un universo completamente nuevo, independiente y casi idéntico.

Según la IMM, nuestro universo actual, y todos los demás universos que ya han brotado antes que él y los que brotarán después, seguirán ramificándose aún en más universos a medida que en cada uno surjan nuevas series de posibilidades cuánticas. En un orden infinitamente corto, el número de universos creados adquiere una magnitud indescriptible: ¿10 elevado a un billón? Qué va, ahora es de 10 elevado a un trillón, y así sucesiva y continuamente. Para expresar la cantidad de universos independientes que podrían existir se emplean números como 10 elevado a $10^{10.000.000}$.

Lo mínimo que se puede decir es que es una teoría sumamente pródiga.

Además de evitar aparentemente la necesidad de un observador inteligente, con las consiguientes cuestiones incómodas de la conciencia, para los materialistas científicos parece que la IMM también soluciona el llamado problema del universo-Ricitos de Oro. Como veíamos en un capítulo anterior, se ha dicho con fundamento que para que nuestro universo se desplegara como lo hizo y en él apareciera la vida, debían cumplirse cientos de condiciones, desde la fuerza absolutamente precisa de la gravedad hasta la existencia de un estado excitado del carbono 12 llamado el *estado Hoyle*, como si fueran las gachas de avena de Ricitos de Oro.

Con la interpretación de los mundos múltiples, los materialistas científicos pueden sortear el problema Ricitos de Oro y la paradoja del observador inteligente. Estos científicos aplican las ideas de Darwin a la de los muchos mundos en continua ramificación. Su razonamiento es que ante la ingente cantidad de universos que se ramifican y cambian, era *inevitable* que surgiera al menos uno con las condiciones idóneas exactas para la vida.

Sin embargo, la IMM plantea problemas fundamentales. Aunque evita la paradoja del observador inteligente y el problema del universo-Ricitos de Oro, genera un gigantesco problema de *causalidad*. Sus defensores postulan que toda *posibilidad*, por improbable o insignificante que sea, tiene suficiente poder causal para crear un universo entero. Para que la interpretación de los mundos múltiples sea válida, una cantidad —posibilidad— nebulosa, indefinible e inconmensurable ha de tener un poder de causalidad infinito.

En lo que al aspecto humano de las cosas se refiere, la IMM es totalmente nihilista. Postula el sinsentido absoluto. Todo lo que tenga posibilidad de ocurrir, ocurre. En mi universo actual, sigo escribiendo esta frase, mientras que en los otros innumerables universos donde existe alguna versión de mí, hago otras cosas. En algún universo, Hitler se convirtió en el bueno de la película y los aliados eran los opresores. En algún universo, Jesús nunca abandonó su oficio de carpintero. En algún universo, Beethoven no tenía oído musical y Einstein era idiota. En algún universo, Rush Limbaugh[*] es el presidente de Estados Unidos.

---

[*] Rush Limbaugh es un locutor de radio y comentarista político conservador estadounidense. (Fuente: Wikipedia). (N. del T.)

En algún universo, *yo* soy el presidente. En algún universo, mi madre me asesinó. En algún universo, asesiné a mi madre. En algún universo, vivimos como salvajes. En algún universo, vivimos como santos. En la mayoría de los universos, no existe vida de ningún tipo ni asomo de inteligencia.

Según la interpretación de los mundos múltiples, podría pensar que estoy viendo las consecuencias lógicas de las decisiones que tomo, pero no es así; al contrario, *toda* posibilidad se manifiesta. Aquí, en el universo de este momento, solo soy consciente de una consecuencia y, por lo tanto, creo que lo es de mis actos anteriores. En la IMM, no existe ninguna correlación entre acto y consecuencia, entre causa y efecto. La causalidad se arroja por la ventana. No existe la autodeterminación. Nada de lo que hacemos marca diferencia alguna. No somos individuos sino una serie fugazmente momentánea de posibilidades combinadas al azar. En la IMM, el energiverso proteico arroja aleatoriamente universos físicos como un volcán en erupción continua ajeno a la evolución y la finalidad.

La IMM es la expresión última de la idea del materialismo científico de que todo es resultado de las interacciones entre la materia y la energía y la pura casualidad. Con todo el debido respeto, guardaos vuestra teoría, defensores de la IMM.

La interpretación de Copenhague, la de los mundos múltiples y algunas otras de la física cuántica están dentro de los límites del materialismo científico, pero *hay* otras interpretaciones respetables que *se salen* de ellos. Según estas, cabe la posibilidad de que el efecto del observador inteligente indique que en la realidad hay algo más que las interacciones entre la materia y la energía del materialismo científico. Aceptan la idea de que el pensamiento y la conciencia tienen una existencia independiente de la materia y la energía.

La más conocida de las interpretaciones que aceptan el papel fundamental del pensamiento y la conciencia se atribuye a un grupo de eminentes físicos cuyas aportaciones fueron fundamentales para el desarrollo de la física cuántica: John von Neumann, John Archibald Wheeler y Eugene Wigner; entre ellos hay un premio Nobel y casi todos los demás premios que jamás se hayan dado a los físicos. Su interpretación común se conoce con el nombre un tanto largo de *interpretación Von Neumann-Wheeler-Wigner* (IvNWW). Parte de la premisa de que el pensamiento y la conciencia no son simples productos fugaces de los procesos bioquímicos del cerebro, sino *elementos causales fundamentales del cosmos*.

Podría decirse que la IvNWW es el polo opuesto del materialismo científico. Postula que el pensamiento y la conciencia no solo existen más allá de la materia, sino que *crean* la materia.

Los muchos eminentes defensores de la IvNWW y otras interpretaciones que aceptan el pensamiento y la conciencia a veces recuerdan más a los filósofos y místicos que a los científicos.

No era posible formular las leyes (de la teoría cuántica) de forma coherente sin hacer referencia a la conciencia.

EUGENE WIGNER, premio Nobel de Física[9]

Es evidente que solo hay una alternativa, la de la unificación de las mentes [...] En realidad solo existe una mente.

ERWIN SCHRÖDINGER, premio Nobel de Física[10]

El «observadorismo» es un requisito previo de cualquier versión útil de la «realidad».

JOHN ARCHIBALD WHEELER, premio Wolf en Física[11]

> Creo que en mi trabajo científico y filosófico, mi principal interés ha sido comprender la naturaleza de la realidad en general y de la conciencia en particular como un todo coherente.
>
> DAVID BOHM, miembro de la Royal Society[12]

La *conciencia* es el punto crucial de la física de Dios: en ella es donde convergen la ciencia y la religión, y con la comprensión de la conciencia podemos conciliar los aparentes conflictos entre ambas. Sin embargo, aceptar la conciencia como fundamento del cosmos no es tarea fácil.

Si no estás familiarizado con la idea de la conciencia de la IvNWW, es posible que la encuentres desconcertante o incómoda, o ambas cosas. No eres el único. La avalan grandes mentes científicas, cuenta con amplio apoyo de las matemáticas, no existe otra explicación demostrada del efecto del observador inteligente, pero la mayoría de los físicos y científicos, con una actitud muy humana, rechazan *visceralmente* la idea de que algo aparentemente tan efímero como la conciencia pueda ser el fundamento de la realidad.

La idea de que la conciencia es la base de la realidad pone en peligro la visión experiencial básica del mundo de muchas personas. No se trata tanto de que las implicaciones de la IvNWW sean contraintuitivas (una palabra que se suele usar para describir la física cuántica) como de que las implicaciones son *contrasensoriales*.

Lo que experimentamos a través de los sentidos indica que todo lo que nos rodea tiene una realidad material independiente y separada. La gravedad actúa sobre el vaso cuando se nos cae. El vaso se rompe al chocar contra el suelo. El suceso no afecta a nada más. Otros vasos que siguen sobre la mesa no se hacen añicos.

El suelo no se rompe. El vaso que era un objeto independiente ahora es un montón de objetos independientes más pequeños.

El ejemplo es simplista pero refleja la esencia de nuestra experiencia sensorial continua de cómo funciona el mundo. Por lo tanto, se comprende fácilmente que los científicos, y desde luego la mayoría de las personas, quieran hacer extensiva la experiencia cotidiana de las cosas que les facilitan los sentidos a todo lo que existe: hubo un *big bang*, se formaron pequeños entes independientes a los que llamamos átomos, los átomos independientes pasaron a formar estrellas y planetas independientes, nuestro planeta dio origen a formas de vida independientes.

Esta visión de la realidad es cómoda y natural porque es una extensión de nuestras percepciones cotidianas. Es emocionalmente cómoda, y en cierta medida es verdadera. Lo que ocurre es que no es completa.

En el capítulo tres veíamos que la realidad que percibimos a través de los sentidos es muy limitada. Nuestros sentidos solo pueden percibir una diminuta banda del espectro de energías vibrantes en las que existimos como el pez en el agua. En nuestra existencia diaria que los sentidos nos revelan, estamos más ciegos que otra cosa. No podemos percibir sensorialmente el mar de energía que interpenetra nuestro cuerpo físico y nos conecta con todo:

El ser humano forma parte de un todo, que nosotros llamamos universo, limitado a la vez en el tiempo y el espacio. El ser humano se experimenta a sí mismo, sus pensamientos y sentimientos, como algo separado del resto; como una especie de ilusión óptica de su conciencia.

ALBERT EINSTEIN[13]

> Los conceptos científicos existentes siempre cubren únicamente una parte muy limitada de la realidad, y la otra parte que aún no se entiende es infinita.
>
> WERNER HEISENBERG, físico y premio Nobel[14]

Si nuestros sentidos pudieran revelar todo el mar vibrante de energía en el que vivimos, sabríamos que ningún átomo posee propiedades inherentes, duraderas e independientes. No es más que energía, una energía que puede adoptar cualquier forma. Los teóricos de cuerdas añaden que los objetos aparentemente independientes que componen nuestra experiencia sensorial son imágenes tridimensionales de altísima resolución de una proyección holográfica. Las imágenes de la pantalla del televisor parecen ser objetos tridimensionales separados e independientes, pero de hecho son imágenes bidimensionales interconectadas. Del mismo modo, todo lo que nos rodea y, desde luego, nuestro cuerpo son proyecciones holográficas de energía, y no objetos tridimensionales separados que existan de forma independiente. Ni el más diminuto trozo de materia ni la mayor de las estrellas tienen una realidad independiente. Toda la materia se proyecta desde el energiverso bidimensional, no local e interpenetrante, está conectada con él y de él depende.

Una vez aceptado que las leyes y percepciones de la física cuántica y la teoría de cuerdas (destacadas en el párrafo anterior) describen la realidad con mayor exactitud de la que nuestros sentidos pueden revelar, tal vez sea menos difícil dar el salto y entender que la conciencia también existe no localmente de la misma forma que las energías del energiverso.

> Mi conclusión es que la conciencia no es una cosa ni una sustancia, sino un fenómeno no local. No local no es más que una expresión

elegante para referirse al infinito. Si algo es no local, no está localizado en puntos específicos del espacio, como los cerebros o los cuerpos, ni en puntos específicos del tiempo, como el presente. Los eventos no locales son inmediatos: no requieren viajar en el tiempo. No están mediatizados: no es necesaria ninguna señal energética que los «lleve a cabo». No se atenúan: no se debilitan con la mayor distancia. Los fenómenos no locales son omnipresentes: están a la vez en todas partes. Esto significa que no hay necesidad de que vayan a ninguna parte: ya están ahí. Son también infinitos en el tiempo, presentes en todo momento, pasado, presente y futuro, lo cual significa que son eternos.

LARRY DOSSEY, autor de *The Science of Premonitions*[15]

Considero que la conciencia es fundamental. Considero que la materia es un derivado de la conciencia. No nos podemos esconder de la conciencia. Todo aquello de lo que hablamos, todo lo que consideramos que existe, [apunta a] la conciencia.

MAX PLANCK, premio Nobel de Física[16]

La corriente del conocimiento avanza hacia una realidad no mecánica; el universo empieza a parecerse más a un gran pensamiento que a una gran máquina. Ya no parece que la mente sea un intruso accidental en el reino de la materia, sino que la deberíamos aclamar como creadora y gobernante del reino de la materia. Superemos nuestras reticencias y aceptemos la conclusión inapelable. El universo es inmaterial-mental y espiritual.

SIR JAMES JEANS, físico[17]

He llegado a la conclusión de que estamos en un mundo hecho según las normas dictadas por una inteligencia. Para mí es evidente que existimos en un plan que se rige por reglas establecidas y configuradas por una inteligencia universal, y no por el azar.

MICHIO KAKU, teórico de cuerdas[18]

Lo que los físicos entrevén –y lo que los santos y sabios comprenden– es que el universo y las leyes por las que se rige en todo su intrincado detalle surgen de un fundamento adimensional de conciencia inteligente.

La conciencia inteligente es la directora y productora de la película cósmica:

El cine cósmico es una gloriosa manifestación de los procesos de pensamiento imaginario de la Mente de Dios, pero las imágenes proyectadas de la imaginación de Dios, que parecen moverse y tener vida propia, solo son formas de pensamientos sentidas eléctricamente de imágenes del pensamiento que solo son un espejismo de la realidad que solo simulan.

WALTER RUSSELL, escultor, músico, escritor, filósofo y místico[19]

Usando el símil de la televisión, la imagen de cuya visión disfrutamos, el avance de la trama con personajes que están representando un guion solo es un truco de la percepción. La mente une los puntos/electrones de las imágenes que creemos que vemos, e ignora por completo la verdadera realidad de la base en que se asienta ese funcionamiento. La existencia se parece mucho a la televisión. Lo que existe, lo que de verdad existe, no se puede comprender por cómo parece que funciona o lo que parece que es.

P. M. H. ATWATER, autora de *Retorno de la muerte*[20]

La «película cósmica» es real no solo para dos sentidos humanos, la vista y el oído, sino para los cinco. Se nos presenta en forma tridimensional e incluye la ilusión del olor, el sabor y el tacto. Sin embargo, del mismo modo que la luz que emana de la cabina de proyección produce meras imágenes de la realidad, la luz de Dios produce meras apariencias.

SWAMI KRIYANANDA, autor de *The Essence of the Bhagavad Gita*[21]

Como nos insta *sir* James Jeans, si queremos conciliar las revelaciones trascendentes de los santos y los sabios con la ciencia, hemos de superar nuestras reticencias y aceptar «la conclusión inapelable. El universo es inmaterial-mental y espiritual».[22] Si no se acepta que la conciencia es el fundamento no local del universo, no se pueden explicar las revelaciones trascendentes de los santos y sabios.

Afortunadamente, no hemos de superar nuestras reticencias y aceptar sin contar con una base científica racional la inapelable conclusión. Además de Jeans, multitud de eminentes científicos han aceptado y aceptan que la conciencia es la base no material del cosmos. Y si, como yo, estás ya plenamente convencido de la solidez y veracidad del testimonio de los miles de santos, sabios y personas que han vivido experiencias cercanas a la muerte y de las experiencias trascendentes de todos ellos, su testimonio de que la realidad es una película cósmica, una ilusión lumínica —científicamente avalado por el principio holográfico y la interpretación IvNWW de que la conciencia es el fundamento de la realidad—, abre un camino amplio para conciliar plenamente las verdades obvias de la ciencia y las verdades obvias de la religión.

La ciencia y la religión encuentran su base común en la conciencia.

El energiverso crea continuamente la ilusión lumínica que es nuestro universo. A su vez, las leyes que conforman la creación continua del universo físico por parte del energiverso surgen de una conciencia inteligente, no local e infinita. El guion de la película cósmica, el sistema holográfico bidimensional que proyecta la película cósmica y la ilusión lumínica resultante —la película cósmica tridimensional— surge, todo ello, de esa conciencia inteligente y es dirigido por ella.

Capítulo 8

«SOIS DIOSES»

La física de Dios tiene una enorme importancia para nosotros como individuos.

Habitamos simultáneamente en nuestro cuerpo físico tridimensional y nuestro cuerpo energético bidimensional no local interpenetrante. Cuando sentimos la fuerza vital, nuestra vitalidad, sentimos las sutiles energías de nuestro cuerpo energético bidimensional no local interpenetrante.

La mayor parte de lo que somos existe más allá del universo físico

Nuestro cuerpo físico tridimensional es la proyección holográfica de nuestro cuerpo energético holográfico bidimensional no local, que es la fuente de la mayor parte de lo que experimentamos como nosotros mismos: la conciencia, los sentimientos, las motivaciones, los recuerdos y la energía vital.

No podemos morir de verdad

El cuerpo físico tridimensional nos permite vivir en el mundo físico tridimensional del espacio, el tiempo y la materia —como el buceador puede sobrevivir en las profundidades marinas gracias a su traje—. Cuando morimos, nuestro espacio, tiempo y materia dejan de funcionar, y ya no podemos operar en el espacio, el tiempo y la materia. Al morir, la conciencia pasa al cuerpo energético bidimensional no local del energiverso.

Nos convertimos en lo que pensamos

Nuestra conciencia inteligente no local *configura* nuestra plantilla energética holográfica bidimensional no local. A su vez, la plantilla energética holográfica bidimensional no local configura nuestro cuerpo físico. El cuerpo físico tridimensional local es sostenido y controlado continuamente por nuestro cuerpo energético bidimensional configurado por el pensamiento y no local a través del entrelazamiento cuántico.

Nuestros pensamientos profundamente asentados tienen poder

Vemos este poder en el efecto placebo, y lo demuestran de forma aún más contundente los cambios fisiológicos casi instantáneos de quienes padecen el trastorno de personalidad múltiple. En cada momento de cada día, la proyección holográfica que experimentamos como nuestro cuerpo físico manifiesta *exactamente* lo que dictan los pensamientos más profundamente arraigados. El momento en que cambiamos esos pensamientos asentados es el momento en que nuestro cuerpo físico cambia.

Somos más increíbles aún: creamos el mundo

Sin observadores inteligentes –*nosotros*– la película cósmica, la ilusión lumínica de la materia, *no se proyecta*. El efecto del observador inteligente ha sido medido, y confirmado, con minuciosidad y exactitud en miles de experimentos de doble rendija. Uno puede sentir la tentación de desechar estos experimentos como trucos de salón que solo implican a unos pocos minúsculos fotones o átomos, pero la implicación del efecto del observador inteligente es profunda: sin observadores inteligentes, no puede existir mundo alguno.

El universo y el observador existen como un dúo.

ANDREI LINDE, físico de la Universidad Stanford[1]

Este es un universo *participativo*.

JOHN ARCHIBALD WHEELER, premio Wolf en Física[2]

No existe objeto en el espacio-tiempo sin un sujeto consciente que lo mire.

AMIT GOSWAMI, físico cuántico[3]

Somos lo que pensamos, todo lo que somos surge con nuestros pensamientos, con nuestros pensamientos creamos el mundo.

BUDA[4]

Entiendo que te resulte difícil aceptar que eres fundamental para la existencia del universo físico, que «creas el mundo». «Simplemente está ahí –seguramente pienses– y nada tengo que ver con él». Sin embargo, ese papel esencial tuyo en la existencia del universo físico se ha confirmado una y otra vez en experimentos científicos sobre el observador inteligente: *una onda de materia solo se comporta como materia cuando es observada por un observador inteligente.*

No eres el único al que tal vez le resulte difícil entender este concepto. Son conocidas las palabras de Einstein: «Me gustaría pensar que la Luna sigue ahí aun cuando no la esté mirando». En efecto, a muchas personas las desconcierta pensar que desempeñemos *algún* papel en la manifestación de la materia. La idea de que todo requiere la atención de alguien para no dejar de existir parece la receta del caos. Podría pensarse que una persona, sin querer y fortuitamente, podría causar que donde antes había unas cosas se manifestaran otras *diferentes*: donde había una silla ahora hay una mesa; donde había un perro ahora hay un gato; donde había un coche ahora hay una casa. Si fuera verdad, nuestra experiencia cotidiana sería una fiesta de té informal del Sombrerero Loco.

Sin embargo, nuestra experiencia de todos los días es exactamente lo contrario de la fiesta del té del Sombrerero Loco. Experimentamos un mundo físico estable que se comporta de acuerdo con unas leyes naturales coherentes. Si, por ejemplo, estamos en un sótano que nadie «observa» salvo nosotros, todos los objetos que allí haya no se habrán movido desde nuestra última visita. Estarán cubiertos de polvo. Una fuga de agua habrá empapado y enmohecido el suelo. Los objetos se habrán estropeado más o menos dependiendo de su durabilidad y del tiempo transcurrido desde que los visitamos por última vez. En otras palabras, el sótano, pese a que no hemos estado allí para observarlo, habrá cambiado siguiendo leyes naturales sobre las que no tenemos el control consciente. Tendremos todas las razones para pensar que nuestro sótano ha llevado una existencia *separada*, independiente de nosotros o de que lo hayamos observado o no.

¿Cómo conciliamos, entonces, la experiencia cotidiana de una realidad física duradera, consistente y estable con la idea de que el mundo físico no puede existir sin nosotros? Si para que la materia se manifieste es necesario un observador inteligente, ¿por qué la materia siempre cambia con el paso del tiempo y de acuerdo con los efectos de las leyes naturales? ¿Cómo pueden ser verdad ambas realidades?

La respuesta es que el origen de la coherencia de las leyes del mundo físico está en el *mecanismo oculto que proyecta la película cósmica*: la plantilla energética holográfica bidimensional y no local que crea y sostiene al universo físico. La plantilla energética holográfica bidimensional y no local, como la película en el proyector, contiene toda la información para proyectar la película cósmica que conocemos como universo físico.

La plantilla energética holográfica bidimensional y no local se puede entender en los términos del *orden implicado* de Bohm, que contiene las «propiedades ocultas» que determinan cómo se manifiestan las ondas individuales de la materia en el *orden manifestado* (el mundo físico tridimensional). O podemos pensar que la plantilla energética holográfica bidimensional y no local contiene los cielos, y que estos son el holograma del que toma su forma el universo tridimensional. Pero otra manera de entender la plantilla energética holográfica bidimensional y no local es como una serie organizada de *ondas de materia* imperceptibles para los sentidos, unas ondas que para comportarse como materia requieren la presencia de un observador inteligente.

A diferencia de la película que se encuentra en el proyector, la plantilla energética holográfica no es fija ni estática, sino que evoluciona dinámicamente siguiendo sus propias leyes inherentes creadas inteligentemente; se parece más a un programa informático que a una película. El viejo juego informático SlimCity podía simular cómo evolucionaría una ciudad a lo largo de los años, décadas y hasta siglos porque su programación contenía las leyes básicas por las que se regía el resultado. Del mismo modo, la plantilla energética holográfica contiene las leyes que rigen en todas las interacciones entre la materia y la energía y toda la información sobre el estado evolutivo del universo físico: la historia completa de todas las interacciones entre la materia y la energía desde el *big bang* hasta la actualidad.

La plantilla energética holográfica no local del universo, tanto si se considera en términos bohmianos, en términos celestiales, como una serie organizada de ondas o como la máxima expresión de la SlimCity, se despliega continuamente de modo parecido a como lo hace un programa informático; de acuerdo con unas determinadas leyes, sigue evolucionando y organizando todas las ondas de materia que la componen, con independencia del tiempo que transcurra entre las observaciones de un observador inteligente.

Cuando los observadores inteligentes observamos *efectivamente* una determinada onda de materia o una serie de ellas, nuestra observación *causa* que esas ondas de materia se comporten como materia, pero de una forma que ya está predeterminada: las propiedades ocultas de las ondas de materia, las leyes inherentes de la plantilla energética, los guiones ocultos de la película cósmica, predeterminan la forma específica que la materia adoptará.

Por tanto, las observaciones inteligentes aleatorias *no* se traducen en caos. Cuando Einstein no miraba la Luna, esta, como a él le habría gustado pensar, seguía «aún ahí», con su programa holográfico cósmico determinando cómo gira sobre su eje y evoluciona de acuerdo con unas leyes, pero no se comportaba como materia perceptible a menos que Einstein u otra persona la estuviera observando.

La plantilla energética holográfica semejante a un programa informático garantiza la consistencia de las leyes del mundo físico. La proyección continua, imperceptible para los sentidos humanos, de la película cósmica bidimensional —lo que un santo llamó en cierta ocasión «el supercolosal entretenimiento de Dios»— adopta la forma de materia y pasa a ser *perceptible por los sentidos* cuando es observada por un observador inteligente, pero la observación inteligente no determina la forma que adopta la materia.

El paso de la película cósmica de ser imperceptible a perceptible por los sentidos no es meramente *subjetivo*. Es *objetivo*. En los experimentos de doble rendija se utilizan dispositivos científicos para medir *objetivamente* el comportamiento de las ondas de materia. Lo que se mide no es un mero punto de vista subjetivo de una persona. Sabemos objetivamente que los observadores inteligentes *causan* que las ondas de materia imperceptibles para los sentidos se comporten como materia perceptible por ellos. En mi opinión, y en la de otros muchos que me precedieron, solo parece posible una conclusión: *si en el mundo físico no hubiera observadores inteligentes, el universo físico dejaría de existir.*

Si te apetece de nuevo la música de *En los límites de la realidad*, no te reprimas, pero tal vez quieras reservarla para lo que aún está por llegar.

Casi nadie tiene conciencia lúcida de nuestra capacidad de *hacer* que se proyecte la película cósmica en tres dimensiones, o de configurar nuestro cuerpo de acuerdo con nuestros pensamientos más asentados. Pero hay unas poquísimas personas que conocen estas capacidades y han aprendido a usarlas de forma deliberada. Estas escasas personas son los santos y sabios, y nos aseguran que también nosotros podemos hacer lo mismo:

Jesús les respondió: «¿No está escrito en vuestra ley: "Yo dije: sois dioses"?».

JUAN, 10: 34

En verdad, en verdad os digo que el que cree en mí también va a hacer las obras que yo hago. Y hará obras más grandes, porque yo regreso al Padre.

JUAN, 14: 12

Todo está hecho de mente; por esto la mente lo puede controlar todo. A medida que desarrolles más y más fuerza mental, podrás hacer cualquier cosa.

PARAMAHANSA YOGANANDA, maestro de yoga[5]

Uno de los alegatos atemporales de las religiones es que los santos y sabios pueden, al parecer, desafiar las leyes de la materia: transformar el agua en vino, curar a los enfermos, resucitar a los muertos, caminar sobre el agua, levitar, hacer aparecer objetos... Sin embargo, como espero que sepas ya apreciar, los milagros no contravienen las leyes de la materia, sino que demuestran leyes más profundas que la ciencia aún no ha entendido.

Los que consideramos milagros no son más que la extensión del poder que usamos continuamente para configurar nuestro cuerpo físico y el que usamos para hacer que las ondas de materia se comporten como materia. Los santos y sabios han aprendido a controlar los pensamientos que configuran la materia de su alrededor y la que compone sus cuerpos. No solo han aprendido a cambiar el estado y el aspecto del vestido corporal que llevan en la película cósmica: *han aprendido a cambiar la propia película cósmica:*

Con el conocimiento divino que el maestro tiene de los fenómenos de la luz, puede proyectar al instante en la manifestación perceptible los ubicuos átomos de la luz. La forma concreta de la proyección, sea un árbol, un medicamento o un cuerpo humano, está de acuerdo con sus poderes de voluntad y de visualización.

PARAMAHANSA YOGANANDA, maestro de yoga[6]

Esta capacidad, sea oculta o milagrosa, es innata en todas las personas: todos poseemos el mismo poder creador que tiene la infinita conciencia inteligente que crea el cosmos.

Esta verdad fundamental está en el núcleo de todas las religiones: somos hijos divinos de Dios, hechos a su imagen y semejanza, inseparables de su conciencia. Como los hijos de todos los padres, poseemos las capacidades de nuestro padre divino.

En el Génesis (1: 27) se dice que Dios hizo al hombre a su imagen y semejanza, una afirmación cuya interpretación casi siempre es que Dios tiene una forma física *como* la nuestra. Pero lo que se quiere decir es todo lo contrario. La verdadera «imagen» de Dios es la conciencia inteligente infinita. *Esta* es la imagen según la cual estamos hechos, de la que procedemos y formamos parte, y que compartimos.

Una de las enseñanzas del hinduismo es la de que «*atman* es Brahman»: el *atman* (alma) es Brahman (Dios). Dice Jesús en el Nuevo Testamento: «Yo y el Padre somos uno» (Juan, 10: 30). Para los budistas, todos somos uno:

El poder creador del universo no es un ser humano: es Buda. El que ve, y el que oye, no es el ojo ni el oído, sino aquel que es *esta* conciencia. *Este* es Buda. *Este* aparece en la mente. *Este* es común a todos los seres sintientes, y es Dios.[7]

Somos dioses con amnesia.

Jan Price, protagonista de una experiencia cercana a la muerte, declara: «Nacidos de Dios, somos espíritu, y no podemos ser nada más. Todo es mente, una mente. Somos esa mente dormida, pero que va despertando, y Dios es esa mente eternamente despierta».[8]

Dijo Jesús: «Si no veis señales y prodigios, no creeréis» (Juan, 4: 48). Los santos y sabios solo hacen milagros, por fascinantes e inspiradores que sean, para despertar la creencia. Los milagros de los santos y sabios nos incitan a despertar los recuerdos de nuestra naturaleza divina. Su finalidad no es tentarnos a que queramos hacer milagros nosotros mismos, sino despertarnos al potencial divino, sacudirnos nuestra convicción provocada por la amnesia de que solo somos cuerpos humanos y de que esta película cósmica que se manifiesta físicamente es la única realidad.

Sin embargo, ni siquiera cuando nos percatamos de nuestra amnesia, ni siquiera cuando creemos en el poder de nuestro pensamiento, somos inmediatamente capaces de usar este poder de manera consciente. Mientras no dominemos la rigurosa disciplina mental que practican los santos y los sabios no podremos usar conscientemente, como ellos, nuestros pensamientos para cambiar la plantilla energética oculta y no local y, de este modo, cambiar el mundo físico.

Además, nuestras firmes convicciones penetran profundamente en nuestro subconsciente no local. El simple hecho de pensar con la mente consciente que tenemos los ojos azules y no marrones no va a anular la convicción mucho más firme —profundamente enraizada, y prácticamente inaccesible, en la mente subconsciente no local— de que tenemos los ojos de color marrón.

Nuestras convicciones están tan firmemente arraigadas que no las podemos cambiar ni cuando nos perjudican. Decir que todo el problema está en la mente no sirve para nada, pues, como manifestaba un sabio, «este es exactamente el peor sitio en el que puede estar». Nuestros pensamientos más firmes son como vigas que aguantan toda la estructura de nuestro ser. Y como las vigas de hierro, las del pensamiento son extraordinariamente fuertes.

La rigurosa disciplina a que se someten los santos y sabios para alcanzar un profundo control mental empieza con la experiencia directa de la naturaleza divina, sutil y no material propia. La creencia intelectual en nuestro potencial superior, o naturaleza divina, es el punto de partida, pero la fe no basta para cambiar las convicciones profundamente arraigadas de que el mundo físico es inamovible, inmutable e independiente de nosotros. Por otro lado, la experiencia interior directa que se consigue con la práctica de las disciplinas de la ciencia de la religión cambia esas arraigadas convicciones porque nos capacita para experimentar directamente la realidad más sutil, interconectada y no material de la energía y el pensamiento.

Imaginemos que vivimos toda la vida en una nave espacial donde la gravedad es solo un concepto. Podemos *creer* que la gravedad existe, pero mientras no visitemos un planeta y experimentemos directamente que la gravedad nos empuja hacia el suelo, no es probable que estemos *convencidos* de que la gravedad existe. La experiencia directa obtenida con la práctica de la ciencia de la religión anula la *convicción* de la materialidad. Los santos y sabios, que son tan conscientes de su sutil naturaleza divina como nosotros lo somos de nuestro cuerpo físico, saben que la plantilla de su cuerpo energético y los pensamientos que la configuran tienen una realidad trascendente independiente: no lo creen, lo *saben*. Y con este saber nace la capacidad de configurar los pensamientos que conforman la forma física, la capacidad de realizar lo que normalmente se llama «milagros».

Sin embargo, la capacidad de hacer milagros no es más que una cuestión secundaria. La mayor capacidad que poseemos es la de *apagar* la película cósmica. Con la percepción de los sentidos ponemos en marcha la película cósmica; al trascender de los sentidos la apagamos. Cuando la persona alcanza la quietud perfecta y la profunda absorción interior a través de la meditación, su conciencia se expande enormemente, hasta que al final puede percibir el vasto cosmos que se encuentra más allá del universo físico.

Nuestro cuerpo físico, como el vestuario del actor en el escenario, forma parte de la película cósmica. Pero, del mismo modo que el actor no es lo que viste, nosotros no somos nuestro cuerpo. El cuerpo es un vestido tridimensional que debemos llevar para interpretar nuestro papel en este escenario tridimensional. Y, como actores, el papel que representamos solo es una pequeña parte de quienes somos y lo que somos. Existimos simultáneamente dentro y más allá del mundo físico. Nuestra conciencia es no local, esencialmente infinita y como las energías de alta frecuencia de nuestro cuerpo energético: existe más allá de nuestro cuerpo físico pero lo interpenetra.

Con la mayor percepción llega la liberación respecto de las limitaciones del cuerpo. La experiencia genera una profunda sensación de dichoso bienestar, «más allá de lo que se puede imaginar», y una conciencia clara innegable de la unidad indisoluble de la persona con la Conciencia infinita de la que surge toda creación. Algunos de los nombres que se dan a esta experiencia son *conciencia cósmica*, *samadhi*, *unicidad*, *nirvana*, *conciencia de Cristo*, *iluminación*, *autocomprensión*, *éxtasis divino*, *rapto* y *arrobo*.

Esta es la experiencia de Dios, o, igualmente significativa, la experiencia del Yo o el alma. *Todos* somos Divinos en esencia, todos inextricablemente uno con Dios; por esto la experiencia no está reservada solo a las monjas de clausura ni a los yoguis de las remotas cuevas del Himalaya. Cualquiera que, en cualquier lugar, alcanza una profunda quietud y una completa absorción interior, sin que importe cómo lo haga, comparte la misma experiencia universal.

Con frecuencia he sentido una especie de trance de vigilia (no encuentro mejor forma de decirlo) casi desde la infancia. Siempre mientras estaba completamente solo. Muchas veces me ha llegado al repetirme mi propio nombre en silencio, hasta que de repente, como si fuera fruto de la intensidad de la conciencia de individualidad, la propia individualidad parecía disolverse y desvanecerse en un ser sin límites –y no es este un estado confuso, sino el más claro de los claros, el más seguro de los seguros, totalmente más allá de las palabras– en el que la Muerte era una imposibilidad casi ridícula –la pérdida de la personalidad (si la hubiera) no parecía una extinción sino la única vida verdadera–.

Lord Alfred Tennyson,
poeta laureado de Gran Bretaña e Irlanda[9]

De repente, sin advertencia de ningún tipo, se encontraba completamente envuelto por una especie de nube del color de las llamas [...] sabía que aquella luz estaba en su interior. Inmediatamente después le sobrevino un sentimiento de exaltación, de dicha inmensa acompañada o seguida de inmediato por una iluminación intelectual completamente imposible de describir [...] veía y sabía que el cosmos no es materia muerta sino una Presencia viva, que el alma del hombre es inmortal, que el universo está tan ordenado que todas las cosas funcionan al unísono y sin vacilación alguna para el bien de todas y cada una, que el principio fundamental del mundo es lo que llamamos amor.

Richard Maurice Bucke, hablando en tercera persona;
psiquiatra canadiense, autor de *Cosmic Consciousness*[10]

El cuerpo, la Tierra, las estrellas y las galaxias se fundieron en una gran unidad, y yo formaba parte de esta unidad. Sin límites y ajena al tiempo, mi conciencia planeaba en una eternidad palpitante.

FRÉDÉRIC LIONEL, filósofo francés[11]

Uno se convierte todo en Mente, la Mente Una de Dios, en la que existen todo conocimiento, todo poder y toda presencia.

WALTER RUSSELL, escultor, músico, escritor, filósofo y místico[12]

La luz es la propia esencia, el corazón y el alma, la consumación consumada del éxtasis extasiado. Es un millón de soles de amor comprimido que lo disuelve todo en sí mismo, aniquilando el pensamiento y las neuronas, vaporizando la humanidad y la historia, en el único gran resplandor de todo lo que existe, todo lo que alguna vez ha sido y todo lo que alguna vez será.
Sabes que es Dios.
Nadie ha de decírtelo.
Lo sabes.

P. M. H. ATWATER, protagonista de una experiencia cercana a la muerte[13]

Santos y sabios de todas las religiones describen a menudo y emotivamente la experiencia. Las que siguen son solo unas pocas de los cientos, tal vez miles, de estas descripciones:

¡Oh, maravilla de las maravillas, cuando pienso en la unión del alma con Dios! Él hace que el alma arrobada huya de sí misma, porque ya no la satisface nada que se pueda nombrar. La fuente del Amor Divino fluye del alma y la saca de sí misma para llevarla al Ser sin nombre, a su fuente primigenia, que solo es Dios.

MAESTRO ECKHART, teólogo, filósofo y místico alemán[14]

Esta nueva experiencia ilumina a quien la vive y lo sitúa en un nuevo plano de la existencia. Hay un sentimiento indescriptible de júbilo, una dicha y una felicidad inefables. Experimenta una sensación de universalidad, una Conciencia de Vida Eterna. No es una simple convicción. Lo siente de verdad.

SWAMI SIVANANDA[15]

En la oración [la comunión espiritual] de unión, el alma está completamente despierta para Dios, pero completamente dormida para las cosas de este mundo y para ella misma.

SANTA TERESA DE ÁVILA[16]

Para el hombre iluminado cuya conciencia abarca el universo, el universo se convierte en su «cuerpo», y su cuerpo físico se convierte en la manifestación de la Mente Universal; su visión interior, en la expresión de la realidad superior, y su habla, en la expresión de la verdad eterna.

ANAGARIKA GOVINDA, lama tibetano nacido en Alemania[17]

Mientras la mente se separa de sí misma, y mientras se refugia en el lugar secreto del misterio divino y el fuego del amor divino la rodea por todas partes, este fuego penetra en su interior y la inflama, y la mente se despoja de sí misma y se viste con el amor divino: y así ajustada a esta Belleza que ha contemplado, pasa por completo a esa otra gloria.

RICARDO DE SAN VÍCTOR[18]

Cuanto más se eleva la mente a contemplar las cosas espirituales, más se abstrae de las cosas comunes. Pero el punto final al que puede llegar la contemplación es la sustancia divina. Por lo tanto, la mente que ve la sustancia divina ha de estar completamente alejada de los sentidos del cuerpo, sea por la muerte o por algún tipo de éxtasis.

SANTO TOMÁS DE AQUINO[19]

El alma y la mente perdieron al instante su vínculo físico, y manaban como un fluido de luz por todos mis poros. La carne parecía muerta, pero en mi plena conciencia sabía que en ningún momento anterior me había sentido plenamente vivo.

PARAMAHANSA YOGANANDA, maestro de yoga[20]

La teoría de cuerdas señala que hay vastos reinos no locales bidimensionales de energías de alta frecuencia en los que existe nuestro universo físico local tridimensional, empapado, creado y sostenido por estas energías. Los físicos pioneros Werner Heisenberg, Max Planck, John von Neumann, John Wheeler, Eugene Wigner y David Bohm, así como los físicos modernos Fritjof Capra, Gary Zukav, Amit Goswami, Michio Kaku y *muchos* otros, apuntan a que estos reinos no materiales más sutiles de energía están a su vez empapados, creados y sostenidos por la conciencia inteligente infinita.

Los santos y sabios van más allá y dicen que esta conciencia infinita es *conocible* –Conocible, Inteligente y Consciente– y que también nosotros podemos experimentar esa conciencia infinita y que la experimentaremos *inevitablemente*. ¿Por qué? *Porque somos indisolublemente uno con ella*: «*Atman* es Brahman», «Yo y mi padre somos uno».

La posibilidad de la experiencia trascendente de la Unicidad es confirmada repetidamente, en todas las épocas y todas las culturas, por los santos, los sabios, los salvadores y las personas que han vivido experiencias cercanas a la muerte. Esta experiencia trascendente ha inspirado las enseñanzas místicas de todas las religiones. Esta experiencia trascendente es la *esencia*, y la promesa, de todas las religiones.

Si parece que la trascendencia es una montaña demasiado alta para escalarla, la buena noticia para quienes, como yo, tienen aún que dominar la quietud y la total absorción interior, es que la práctica de la ciencia de la religión reporta grandes beneficios mucho antes de alcanzar la trascendencia. Unos beneficios que se extienden a todos los ámbitos de la vida: menor estrés físico y emocional, mayor sensación de bienestar, mejor claridad mental, más vitalidad, mejor salud y compasión y amor profundos, por nombrar solo unos pocos.

Con la práctica regular de la ciencia de la religión descubriremos un pozo inagotable de Alegría que nos llenará la vida de felicidad, cualesquiera que sean las circunstancias.

Con la práctica más profunda aún de la ciencia de la religión descubriremos una Presencia amorosa e inteligente que nos responde y nos envía olas de amor y alegría que inundan todo nuestro ser.

Practiquemos la ciencia de la religión a la perfección, hasta alcanzar la quietud y la absorción interior perfectas, y experimentaremos que no existe separación entre nosotros y Dios.

Esta es la enseñanza fundamental de todas las religiones; el mensaje de todos los santos, sabios y salvadores que jamás hayan vivido, y el fundamento de la física de Dios.

La molesta necesidad, confirmada experimentalmente, de la presencia de un observador inteligente para que la onda de materia se comporte como materia es una señal profunda, que nos ofrece la ciencia, de que somos mucho más que cuerpos físicos, mucho más que máquinas biológicas, mucho más, incluso, que proyecciones holográficas de nuestro cuerpo energético.

Somos uno con la conciencia inteligente infinita que crea la Realidad.

La película cósmica fue hecha para nosotros. Sin nosotros, sin nuestra atención, la película cósmica no se proyectaría. Como ya hemos visto:

> El universo y el observador existen como un dúo.
>
> ANDREI LINDE, físico de la Universidad Stanford [21]

> Este es un universo participativo.
>
> JOHN ARCHIBALD WHEELER, premio Wolf en Física [22]

> No existe objeto en el espacio-tiempo sin un sujeto consciente que lo mire.
>
> AMIT GOSWAMI, físico cuántico [23]

> Con nuestros pensamientos creamos el mundo.
>
> BUDA [24]

Todos empleamos capacidades divinas para configurar nuestro cuerpo-vestido, algunos a sabiendas, otros no. Algunos, los santos y sabios, saben usar sus capacidades divinas para alterar hasta el propio escenario de la película. Pero la mayor capacidad divina que todos poseemos, y que los santos y sabios han perfeccionado, es el poder de trascender de los sentidos y apagar la película cósmica. Ver la película cósmica en nuestros cuerpos tridimensionales usando solo nuestros limitados sentidos no revela casi nada de la Realidad; cuando con la quietud perfecta y la absorción interior vamos más allá de la película cósmica, se revela la Realidad, y nuestra unicidad con ella.

Capítulo 9

LA FÍSICA DE DIOS: RESUMEN

Este libro ha abarcado mucho en ocho capítulos: ha analizado las teorías más amplias de la ciencia, ha indagado en las enseñanzas más profundas de la religión y ha desvelado las convincentes conexiones que hay entre ellas. Es un libro breve en extensión, pero espero que convengas conmigo en que es extenso en inspiración y conceptos: un viaje del corazón y la mente, no una mera serie de hechos. Para ayudarte a asimilar y entender mejor lo que has leído, he añadido un resumen, una breve recapitulación de los principales puntos.

Dos nuevas citas enmarcan a la perfección la esencia de este libro:

El primer sorbo del vaso de las ciencias naturales te convertirá en ateo, pero en el fondo del vaso te aguarda Dios.

WERNER HEISENBERG, premio Nobel[1]

> Aprenda, pues, el hombre de la ciencia, si así ha de ser, la verdad filosófica de que el universo físico no existe; su urdimbre [...] es una ilusión.
>
> PARAMAHANSA YOGANANDA, maestro de yoga[2]

La ciencia no es inherentemente materialista

El primer sorbo del vaso de las ciencias naturales parece anular cualquier probabilidad de que las afirmaciones esenciales de la religión puedan ser verdad. El credo del materialismo científico de que todo lo que existe o vaya a existir es el resultado de las interacciones entre la materia y la energía es sin duda seductor. Estas interacciones, efectivamente, explican muchas cosas. Pero no todo. Ellas solas tienen que explicar aún los misterios más profundos e importantes: el origen de la organización de la vida, la naturaleza de la conciencia y por qué es necesario un observador inteligente para que la materia tome forma.

Científicos de mentalidad más abierta, los que no se aferran a las ideas del materialismo científico, aceptan que las interacciones que tienen lugar entre la materia y la energía no explican, ellas solas, todos los fenómenos observados. Estos científicos han estado dispuestos a explorar teorías no materialistas alternativas, unas teorías que buscan respuestas en el pensamiento y la conciencia inteligente. Hemos visto que la visión extendida de estos científicos deja mucho espacio para las afirmaciones más universales de la religión: los milagros, los reinos celestiales, la vida después de la muerte, la experiencia trascendente personal, la inmortalidad del alma y Dios, que estaría esperando «en el fondo del vaso».

Detrás de las complejidades de la religión hay una ciencia coherente

El primer sorbo del vaso de la religión revela un caos de afirmaciones contradictorias. Las descripciones teológicas de las creencias fundamentales de las distintas religiones tienen poco en común. Los rituales externos, las prácticas, las historias didácticas y el ceremonial de las religiones del mundo parecen ser tan distintos unos de otros como las culturas y las lenguas esparcidas por todo el planeta. Las creencias sectarias agudizan las divisiones y las diferencias. El apego ciego a dogmas excluyentes conduce a la represión, la violencia y la guerra.

Sin embargo, un estudio más profundo revela una unidad subyacente, que se manifiesta en el testimonio de quienes han alcanzado la conciencia trascendente mediante la práctica de la ciencia de la religión. Al observar todo lo que, con la mejor intención pero con escasas luces, se ha añadido a las religiones del mundo en los últimos siglos —unos añadidos que oscurecen el testimonio trascendente de los fundadores de las religiones y el de los santos y sabios que los han seguido—, aparecen con claridad las verdades comunes que están en el núcleo de todas ellas. En estas verdades compartidas se encuentra la inspiradora unidad espiritual de todas las religiones, pero también un amplio espacio para los descubrimientos de la ciencia.

La conjunción de los descubrimientos y teorías de las mentes más abiertas de la ciencia y el testimonio de los santos, sabios y personas que han tenido experiencias cercanas a la muerte es lo que mejor revela la física de Dios. La ciencia materialista es metódica y exacta pero solo puede confirmar la verdad de un detalle a la vez; no puede ver el conjunto. La ciencia de la religión es metódica y menos exacta, pero puede ver el conjunto. Juntas, la religión y la ciencia —la primera orientando y la segunda ratificando meticulosamente– ofrecen la imagen más completa de la realidad.

La verdad oculta de los milagros: la materia es la organización inteligente de la energía

Muchas religiones y muchos científicos creen que el universo físico, en especial la materia, es una ilusión lumínica. Desde principios del siglo XX, los físicos están percibiendo que la materia no es todo lo que existe. Los átomos son espacio vacío en un 99,9999 %. Además, los electrones orbitantes que definen el espacio vacío del átomo y las diminutas partículas subatómicas que componen su núcleo son, ellos mismos, energía agitada. La materia no es la sustancia inamovible e inmutable que perciben los sentidos. Es *energía invisible organizada inteligentemente* que se mueve a la velocidad de la luz según patrones infinitamente pequeños. Así lo expresa con concisión y de forma brillante una de mis citas favoritas, que ya conoces:

> El mundo visible es la organización invisible de la energía.
>
> HEINZ PAGELS, antiguo director ejecutivo
> de la Academia de Ciencias de Nueva York[3]

Para muchas religiones el mundo físico es una ilusión hecha de luz. El hinduismo, el judaísmo, el sijismo y el budismo comparten la idea de *maya*: el mundo es un espectáculo de magia, una ilusión de luz cósmica, donde las cosas parecen estar presentes pero no son lo que aparentan. El «hágase la luz» que la tradición judeocristiana sitúa en el origen sugiere con fuerza que la luz es el fundamento de la materia. Antes de la luz, la creación era «informe y vacía». Después Dios «sopló sobre la superficie de las aguas» (creó ondas vibrantes de energía) y se hizo la luz (apareció la energía electromagnética).

Comprender la naturaleza fundamentalmente efímera, mutable y basada en la energía de la materia facilita la apreciación de las leyes por las que se rige el mecanismo de los milagros. Sean curaciones inexplicables o manifestaciones tan asombrosas como transformar el agua en vino, los milagros nos confunden porque no entendemos el funcionamiento de las leyes más sutiles de la energía y el pensamiento que cambian la organización oculta de la energía invisible. Sin embargo, hay muchas pruebas de que nosotros mismos usamos estas delicadas leyes de la energía y el pensamiento de forma habitual, desde los cambios fisiológicos instantáneos de quienes padecen el trastorno de personalidad múltiple hasta la curación mediante placebos y el efecto pequeño pero de suma importancia estadística que podemos producir en las tiradas de dados. Los espectaculares milagros de los santos y sabios no son más que la extensión consciente y deliberada de las mismas leyes ocultas de la energía y el pensamiento que, sin saberlo, usamos todos los días.

Donde residen los cielos: el energiverso oceánico

Según la teoría M, la versión más aceptada de la teoría de cuerdas, la mayor parte del cosmos es un reino de energía de alta frecuencia: lo que yo denomino el energiverso. Todo el universo físico existe como una burbuja tridimensional relativamente diminuta de espacio, tiempo y materia, inmersa en un océano de energía efectivamente infinito. El océano de energía es bidimensional y no local: no contiene tiempo, espacio ni materia.

Cuando hablo de *energiverso* me refiero a lo que en la teoría M se llama el sustrato (como cuando hablamos del sustrato de la realidad). El sustrato está compuesto de capas o branas: zonas de energía independientes compactas cuyas energías vibran a frecuencias diferentes de las demás branas. No es difícil relacionar mentalmente las branas de energía que vibran a frecuencias distintas que componen el sustrato con los reinos de energía de distinta vibración (los cielos y los infiernos) adonde vamos cuando morimos según sea nuestra «vibración» o estado de conciencia. Todas las tradiciones religiosas hablan de reinos dispuestos en múltiples capas. Reinos que van desde el más alto cielo hasta el infierno más profundo, a los que el alma va después de la muerte según cuál haya sido su conducta, su «vibración», en la vida:

> Hay muchos cielos diferentes [...] Todo está regulado por la vibración, la corriente y la frecuencia [...]
>
> CHRISTIAN ANDRÉASON, protagonista de
> una experiencia cercana a la muerte[4]

Los cielos: el holograma del universo

El principio holográfico de la teoría M establece que toda la *información* que organiza las fuerzas que forman el universo físico, incluidas las leyes naturales que rigen todas las interacciones entre la materia y la energía, y la historia de estas interacciones desde el *big bang*, reside en el energiverso no local interpenetrante, no en el propio universo físico. Esta información existe en una plantilla energética bidimensional en forma de holograma, y que evoluciona dinámicamente, que proyecta de forma permanente todo el universo físico hacia la existencia. Como los diminutos puntos que forman una fotografía, «puntos» tridimensionales ultradiminutos y de tamaño subatómico componen el universo.

La película tridimensional, verdadera para los cinco sentidos, proyectada holográficamente y que conocemos como universo surge de la interacción continua del holograma de información no local dirigido por la Inteligencia del energiverso —los cielos— con la energía ilimitada del propio energiverso. Sin la interacción de las fuerzas interpenetrantes del energiverso con el holograma celestial, el universo físico no podría existir. Sin la Inteligencia que guía el holograma celestial, sería imposible la formación coherente del universo físico.

> Los planos de todo lo que hay en el universo físico han sido concebidos astralmente: todas las fuerzas de la naturaleza, incluido el complejo cuerpo humano, se han creado antes en ese reino donde las relaciones causales de Dios son visibles en forma de luz celestial y energía vibratoria.
>
> PARAMAHANSA YOGANANDA, maestro de yoga[5]

La muerte es el paso de la conciencia del cuerpo físico al cuerpo energético

Incluso en este preciso momento, vivimos simultáneamente en dos reinos: el universo físico y el energiverso, que *interpenetra* invisiblemente todos los puntos del universo físico. La propia alta frecuencia a la que vibran las fuerzas del energiverso —muchísimo más alta que la de los rayos gamma (la frecuencia más alta que se puede medir en el espacio tridimensional)— significa que estas energías de alta frecuencia no pueden ser detectadas por nuestros aparatos de medición más finamente calibrados. Sin embargo, están presentes en todas partes. Todo el mundo físico, como si de una esponja se tratara, está impregnado de energías de alta frecuencia indetectables a las que Wheeler se refiere poéticamente como «espuma cuántica» y que la teoría de cuerdas señala como anillos y cuerdas vibrantes superdiminutos.

Mientras no es observada, la materia existe como ondas de energía en este interpenetrante reino bidimensional de alta frecuencia no local. Cuando la onda de materia *es* observada y, en consecuencia, se comporta como partícula, la energía que forma la partícula vibra a una frecuencia menor y, por tanto, detectable. Sin embargo, este cambio no es permanente. Aunque la onda de materia adquiere inmediatamente la forma de materia medible cuando es observada, puede, exactamente del mismo modo, volver de forma inmediata a su estado de onda de energía.

Igual que un holograma bidimensional puramente energético contiene la información que proyecta continuamente el universo físico hacia la existencia, también tenemos nuestro personal holograma bidimensional de energía pura que contiene la información que proyecta *nuestro* cuerpo físico hacia la existencia. Nuestro cuerpo energético bidimensional personal —que recibe los diversos nombres de cuerpo astral, cuerpo de luz, cuerpo etéreo, cuerpo espiritual o cuerpo sutil— es el equivalente luminoso perfecto de nuestro cuerpo físico. La muerte, como nos dicen los santos, sabios y protagonistas de experiencias cercanas a la muerte, solo es el paso de la conciencia sensorial de nuestro cuerpo físico a una conciencia más completa y sutil de nuestro cuerpo energético siempre presente.

El cuerpo energético está siempre con nosotros. Anima, controla y crea continuamente nuestro cuerpo físico. Además, como nos dicen los santos y los sabios, contiene lo más importante, característico y esencial, todo aquello que da sentido a quienes somos y lo que somos: nuestros pensamientos, sentimientos, sueños, conocimientos, recuerdos o rasgos de carácter. Cuando morimos, estos aspectos esenciales de quienes somos *siguen* existiendo donde *siempre* han existido: en nuestro cuerpo energético no local.

> Así, nuestras vidas en este plano de la existencia ya están comprendidas en el mundo posterior, rodeadas por él [...] El cuerpo muere pero el campo cuántico espiritual continúa. De esta forma, soy inmortal.
>
> DR. HANS-PETER DÜRR, exdirector
> del Instituto de Física Max Planck de Múnich[6]

El secreto de la vida: la coherencia cuántica

Muchos procesos vitales —como la misteriosa capacidad del cuerpo recientemente descubierta de activar y desactivar los genes, o la coordinación masiva y prácticamente instantánea de miles de millones de procesos vitales por segundo en el cuerpo humano— no se pueden explicar en su totalidad por la programación previa del ADN ni por el proceso relativamente lento de las señales de las neuronas. Descubrimientos recientes apuntan a que esta intrincada coordinación inteligente es consecuencia de la información no local presente en nuestro cuerpo energético que a través del entrelazamiento cuántico controla a nuestro cuerpo físico.

El nuevo campo de la biología cuántica, que sorprendió a todos con el descubrimiento de la danza entrelazada, en fases y sincronizada de la clorofila al transferir la energía de la luz, ha encontrado estados *sostenidos indefinidamente* de interacción entrelazada que tienden un puente entre el energiverso no local y los sistemas vivos, una interacción conocida como *coherencia cuántica*. La coherencia cuántica es la diferencia fundamental entre los seres vivos y los no vivos. No es exagerado decir que la coherencia cuántica es el secreto de la vida.

[El cuerpo] sería más como una hermosa flor exótica que parpadea en muchas dimensiones simultáneamente.

MAE-WAN HO, genetista y bióloga cuántica[7]

Empezamos a ver todo el universo como una red interconectada holográficamente de energía e información, un todo orgánico y autorreferente a todas las escalas de su existencia. Nosotros, y todas las cosas del universo, estamos conectados no localmente unos con otros y con todas las demás cosas, libres por completo de las limitaciones hasta hoy conocidas del espacio y el tiempo.

ERVIN LASZLO, filósofo de la ciencia,
autor de *Cosmos: A Co-creator's Guide to the Whole-World*[8]

El terreno común último: la conciencia une la ciencia y la religión

En los primeros años del siglo XX, muchos físicos llegaron a la conclusión de que la conciencia era el fundamento oculto de la realidad. Una de las razones más convincentes de esta conclusión fue el descubrimiento de la paradoja del observador inteligente. Se puede decir que esta paradoja es al materialismo científico lo que la paradoja de la velocidad constante de la luz es a la física newtoniana.

La teoría de la relatividad especial que Einstein formuló en 1905, prueba fundamental de la velocidad constante de la luz, revolucionó la física al desvelar la *equivalencia de la materia y la energía*, expresada elegantemente con la ecuación $E = mc^2$. Las ideas de Einstein suponían un cambio paradigmático, con unas implicaciones imposibles de sobrestimar. Los físicos de finales del siglo XIX pensaban que el espacio era infinito, que el tiempo era igual en todo el universo y que la materia era inmutable. A principios del siglo xx, las ecuaciones de Einstein demostraron que el espacio es finito, que el tiempo es relativo a la velocidad del observador y que la materia es energía condensada.

La naturaleza anómala del efecto del observador inteligente afecta con similar intensidad al materialismo científico. Tampoco es posible sobrestimar sus implicaciones, que cambian el paradigma. La paradoja del observador inteligente le da la vuelta por completo al materialismo científico. El hecho tan a menudo demostrado de que la onda de materia no se comporta como materia sin la presencia de un observador inteligente llevó a muchos científicos a concluir que la materia no crea la conciencia, sino que *la conciencia crea la materia*.

Es un principio igualmente difícil de aceptar para los científicos como para los legos en la materia, pero algunos de los pensadores más importantes de la física (incluidos Max Planck, David Bohm, Werner Heisenberg, Eugene Wigner, John Wheeler, John von Neumann y Albert Einstein, que suman cuatro premios Nobel de Física y un buen número de los más prestigiosos galardones que se conceden a físicos y matemáticos) así como una nueva generación de físicos (entre ellos Fritjof Capra, Amit Goswami, Gary Zukav y Michio Kaku) han terminado por apreciar que el materialismo científico es un sistema incompleto. De diversas formas, estos físicos han visto la necesidad de la presencia de una *conciencia inteligente* para poder explicar completa y *científicamente* la realidad.

El salto a la aceptación de la conciencia —el mayor salto de la ciencia hasta la fecha— es el que a casi todo el mundo le cuesta más dar. Nuestra resistencia a la idea es más visceral que racional. Entender que el universo es una proyección de luz cósmica ya encierra suficiente dificultad; aceptar la necesidad de una conciencia al parecer efímera para que pueda existir el espectáculo lumínico exige una imaginación de muchísimo mayor alcance. Sin embargo, tanto científicos como místicos han llegado a la misma conclusión. Como citaba antes:

> La corriente del conocimiento avanza hacia una realidad no mecánica; el universo empieza a parecerse más a un gran pensamiento que a una gran máquina. Ya no parece que la mente sea un intruso accidental en el reino de la materia, sino que la deberíamos aclamar como creadora y gobernante del reino de la materia. Impongámonos y aceptemos la conclusión inapelable. El universo es inmaterial-mental y espiritual.
>
> SIR JAMES JEANS, autor de *The Mysterious Universe*[9]

Dios es pura conciencia inteligente

> En cualquier dirección que miremos hallaremos la manifestación de un ser invisible eterno. Pero no es fácil detectar su presencia, porque lo interpenetra todo [...] El análisis de la sustancia de todo lo creado, si se lleva suficientemente lejos, conduce al descubrimiento de que lo que queda es idéntico y está igualmente presente en todas las criaturas: es Él, es Eso, revestido de Pura Conciencia.
>
> ANANDAMAYI MA[10]

> Para mí es evidente que existimos en un plan que se rige por reglas establecidas y configuradas por una inteligencia universal, y no por el azar.
>
> MICHIO KAKU, teórico de cuerdas[11]

Según los santos y sabios, la creación empieza con el pensamiento. Las leyes inteligentes de Dios se conciben en el pensamiento antes de que rijan el despliegue del comportamiento de la creación, desde la formación del energiverso y sus cielos hasta el *big bang*, el posterior despliegue del universo físico y, por último, el nacimiento de la vida.

Los materialistas científicos se resisten con fuerza a la idea de una inteligencia rectora oculta en la formación del cosmos. Prefieren pensar que las leyes que gobiernan el cosmos son puramente accidentales. Ante las astronómicamente altas probabilidades en contra de que el universo se formara tal como lo ha hecho por accidente, han optado por la interpretación de los mundos múltiples, la cual ofrece una posible explicación de cómo nuestro universo pudo producirse por casualidad, sin ninguna intención inteligente.

En la interpretación de los mundos múltiples, infinidad de universos burbuja tridimensionales se forman a partir del energiverso proteico, con lo que es inevitable que, entre los incalculables universos creados, uno se formara como lo hizo el nuestro. Pero esta interpretación da a *todas las posibilidades* —a todas y cada una de la inmensa cantidad de posibilidades cuánticas que se producen en todo momento— el poder causal de crear copias nuevas casi idénticas de *todo* el universo del que surgió esa posibilidad.

La interpretación de los mundos múltiples me lleva a pensar a menudo en el viejo dicho de que algunas personas se echan tan para atrás para evitar caer hacia delante que de un modo u otro terminan cayéndose. En el esfuerzo del materialismo científico por evitar caerse hacia delante al aceptar, aunque sea especulativamente, la idea de que hay una conciencia inteligente no material, se ha caído hacia atrás a la teoría matemática que reduce toda la vida humana —del amor al genio, de la alegría a la trascendencia— a efímeros accidentes momentáneos sobre los que no tenemos ningún tipo de influencia.

Si eliminamos la interpretación de los mundos múltiples, y su explicación darwiniana del universo como resultado casual de universos que mutan al azar, nos quedan las astronómicas probabilidades en contra de que nuestro universo se haya desarrollado por accidente. Sin la interpretación de los mundos múltiples, es difícil *no* concluir que el universo está hecho a medida.

> Sin embargo, cuando vemos que la probabilidad de que la vida se originara por azar es tan enormemente minúscula que resulta absurda, es sensato pensar que las propiedades favorables de la física de la que depende la vida son deliberadas en todos sus aspectos [...] Por lo tanto, es casi inevitable que nuestra propia consideración de la inteligencia deba reflejar [...] inteligencias superiores [...] incluso hasta el límite de Dios [...] la teoría es tan obvia que uno se pregunta por qué no se acepta ampliamente como evidente por sí misma. Las razones son más psicológicas que científicas.
>
> FRED HOYLE, matemático y astrónomo[12]

El alma: inmortal y a semejanza de Dios

> Nacidos de Dios, somos espíritu, y no podemos ser nada más. Todo es mente, una mente. Somos esa mente dormida, pero que va despertando, y Dios es esa mente eternamente despierta.
>
> JAN PRICE, protagonista de una
> experiencia cercana a la muerte[13]

Los santos, sabios y personas que han vivido experiencias cercanas a la muerte, testigos de que nuestro universo se crea continuamente a partir de la inteligencia consciente pura que es Dios, nos dicen que somos almas inmortales, hechos a su semejanza de pura conciencia inteligente. Vagamos por la creación ataviados con diversos vestidos de materia y energía: nuestro cuerpo físico es la expresión de nuestro luminoso cuerpo energético no local interpenetrante, y nuestro luminoso cuerpo energético es la expresión de nuestros pensamientos interpenetrantes.

El efecto placebo y los numerosos cambios fisiológicos instantáneos que se producen cuando quienes sufren el trastorno de personalidad múltiple pasan de una personalidad a otra demuestran que nuestros pensamientos más firmes provocan un efecto particularmente fuerte: cicatrices y verrugas que aparecen o desaparecen, diestros que se convierten en zurdos, aumento o disminución de la agudeza visual, incluso cambios del color del iris. Estos fenómenos apuntan con fuerza a que nuestros pensamientos más profundos que conscientes son los que configuran y conforman nuestra personal plantilla energética holográfica no local, que a su vez conforma nuestro cuerpo físico:

> La materia reacciona, mucho más de lo que la mayoría de las personas advierten, al poder del pensamiento.
>
> PARAMAHANSA YOGANANDA, maestro de yoga[14]

No se ha aislado ni medido con los instrumentos de la ciencia ninguna sustancia, por sutil que sea, de ahí que la idea de que el pensamiento existe fuera del cerebro físico siga siendo polémica y se le cuelgue a menudo la etiqueta de *paranormal* y se la sitúe al margen de la ciencia. No obstante, pruebas convincentes indican que nuestros pensamientos se comunican con los de otras personas, cualquiera que sea la distancia, y que *sí* afectan al resultado de los procesos físicos. Las pruebas señalan también que el pensamiento, como las energías de alta frecuencia del energiverso, es un fenómeno interpenetrante no local: indetectable y no sometido al espacio ni al tiempo, sino presente en todas partes.

El efecto del observador inteligente demuestra aún más el poder que tenemos sobre la materia. Hechos a imagen y semejanza de Dios, compartimos sus capacidades: nuestros pensamientos organizan nuestra plantilla energética no local, y esta proyecta después nuestro cuerpo a la forma física. Unas pocas personas —los santos y los sabios—, mediante la meditación disciplinada y la profunda absorción interior, han aprendido no solo a emplear esta capacidad inherente de alterar la materia proyectada holográficamente dentro de su propio cuerpo, sino también a alterar, o incluso crear, materia proyectada holográficamente fuera de su cuerpo.

> Dios quiere que lleguemos a ser como él, y nos ha investido de cualidades divinas. Comprendí que quiere que nos sirvamos de los poderes del cielo, y que creyendo que somos capaces de hacerlo, podamos hacerlo.
>
> BETTY EADIE,
> protagonista de una experiencia cercana a la muerte[15]

Sin embargo, la capacidad de obrar milagros no expresa nuestros mayores potenciales. Estos los descubrimos cuando desarrollamos la capacidad de trascender de los sentidos, de experimentar realidades que están más allá de la percepción sensorial. Los santos, sabios y personas que han tenido experiencias cercanas a la muerte nos dicen que aunque la película cósmica fue creada en nuestro beneficio, aunque se nos dotó de la capacidad de alterarla, al final nos cansamos del espectáculo. Solo reunificando completamente nuestra conciencia con quienes somos y lo que verdaderamente somos podremos estar plenamente satisfechos:

Nuestro corazón está inquieto hasta que descansa en Ti.

SAN AGUSTÍN[16]

Quienes realmente han alcanzado la trascendencia describen su experiencia de la conciencia inteligente pura —de forma personal y emotiva— como una luz sobrenatural sublime, un éxtasis de suma alegría, una inmersión en el amor puro y cálido y una compasión omnisciente. Hablan de Dios como infinitamente presente y consciente; es una inteligencia impresionante que crea y sostiene toda la creación pero, al mismo tiempo, es profundamente consciente de los pensamientos más íntimos de esta.

La ciencia y la religión, juntas, ofrecen la verdadera imagen de la realidad

Debajo de todos los adornos de la religión encontramos el testimonio firmemente coherente de los santos, sabios y personas que han vivido experiencias cercanas a la muerte. En su conciencia trascendente, ven la misma realidad vasta y sometida a unas leyes que los físicos cuánticos, los teóricos de cuerdas, los biólogos cuánticos y los neurocientíficos de mentalidad abierta desvelan meticulosamente con sus experimentos. Los santos y sabios añaden a los descubrimientos de los científicos modernos una capacidad de visión que la ciencia aún no ha alcanzado totalmente:

> Los místicos y los físicos llegan a la misma conclusión, unos a partir del reino interior, los otros a partir del mundo exterior. La armonía entre sus visiones confirma la antigua sabiduría india de que Brahman, la realidad última exterior, es idéntica a Atman, la realidad interior.

FRITJOF CAPRA, autor de *El tao de la física*[17]

El testimonio de los santos y sabios no contradice los descubrimientos de la ciencia, sino que ahonda en ellos. La Conciencia sigue las mismas leyes que la gravedad. La ciencia no ha entendido aún estas leyes superiores que solo las personas con experiencia trascendente directa conocen; por esto los materialistas científicos rechazan por imposibles las consecuencias de esas leyes.

Debemos recordar que la religión usa el lenguaje de forma completamente distinta a la de la ciencia [...] Concluimos que si la religión se ocupa realmente de verdades objetivas, debe adoptar los mismos criterios de verdad que la ciencia. El hecho de que las religiones de todos los tiempos hayan hablado con imágenes, parábolas y paradojas solo significa que no hay otra forma de captar la realidad a la que se refieren. Pero esto no significa que no sea una realidad auténtica.

NIELS BOHR, premio Nobel y padre de la física cuántica[18]

Toda la creación se rige por leyes. Las que se manifiestan en el universo exterior, y que los científicos pueden descubrir, se llaman leyes naturales. Pero hay otras leyes más sutiles que rigen en los reinos de la conciencia y que solo se pueden conocer a través de la ciencia interior [de la religión] [...] Los planos espirituales ocultos también se rigen por principios y leyes en su forma de funcionar.

SRI YUKTESWAR[19]

Probablemente existe un Dios. Si existe, muchas cosas son más fáciles de explicar que si no existe.

JOHN VON NEUMANN, físico y matemático[20]

Espero que, llegados a este punto, sepas apreciar, si no habías leído antes este libro, que la ciencia y la religión juntas ofrecen la visión más completa de la realidad. Hemos visto que el testimonio consistente de los santos, sabios y personas que han vivido experiencias cercanas a la muerte es coherente con la ciencia, y hemos visto también que las afirmaciones atemporales de todas las religiones —los milagros, la vida después de la muerte, el cielo, Dios y la experiencia personal trascendente— se confirman en la experimentación científica o, cuando la confirmación no es completa, están avaladas por numerosas teorías científicas.

Espero también que sepas distinguir el sistema de creencias del materialismo científico del proceso de descubrimiento de mentalidad abierta de la ciencia, y los adornos confusos de la religión de la ciencia de la religión.

Por último, espero que hayas encontrado inspiración personal en la física de Dios. Las prácticas de la ciencia de la religión que conducen a un despertar interior, en especial la meditación, te permitirán experimentar una dicha que está más allá de todo lo que hayas conocido.

Somos muchísimo más de lo que conocemos.

NOTAS

Introducción

1. Phillips, *Extra-Sensory Perception*.

Capítulo 1

1. Tegmark, «Consciousness as a State».
2. Anthony, «Human Consciousness».
3. Francis, «Quantum and Consciousness».
4. Jahn y Dunne, *Quantum Mechanics.*
5. TED, «Graham Hancock».
6. Pew, «Religion and Science».
7. Goswami, *Self-Aware Universe*, pág. 60.
8. Herbert, *Quantum Reality*, pág. 15.
9. Schlosshauer, Kofler y Zeilinger, «Foundational Attitudes», págs. 222-230.
10. Fielding *et al.*, «Adjuvant chemotherapy», págs. 390-399.
11. Coons, «Psychophysiologic Aspects», págs. 47-53.
12. Shepard y Braun, «Visual Changes», pág. 85.
13. Mumford, Rose y Goshin, *Remote Viewing*.
14. Eddington, *Physical World*, págs. 276-281.
15. Capra, *Tao of Physics*, pág. 78.
16. Goswami, *Self-Aware Universe*, pág. 10.
17. Einstein, *World As I See It*, págs. 28-29.

Capítulo 2

1. Easwaran, *Original Goodness*, pág. 26.
2. Rumi y Barks, *Essential Rumi*, pág. 22.
3. Yogananda y Walters, *Essence of Self-Realization*, cap. 10, pág. 9.
4. Spink, *Mother Teresa*, pág. 39.
5. Newberg, D'Aquili y Rause, *Why God*.
6. Peng *et al.*, «Heart Rate Dynamics», págs. 19-27.
7. Kothari, Bardia y Gupta, «Yogic Claim», págs. 282-284.
8. Santa Teresa de Ávila, *Castillo interior.*
9. Blofeld, *Zen Teaching*, pág. 79.
10. Sivananda, «Peace of Mind».
11. Bush *et al.*, «Anterior Cingulate Cortex», págs. 215-222; Docety *et al.*, «Functional Architecture», págs. 71-100; Lutz *et al.*, «Compassion Meditation».
12. Steiner y Bamford, *Higher Worlds*, pág. 36.
13. Gallup y Proctor, *Adventures in Immortality*.
14. Van Lommel *et al.*, «Near-Death Experience», págs. 2039-2045.
15. Machado y Shewmon, *Brain Death*, pág. 120.
16. Sharp, *After the Light*, pág. 243.
17. Smith, «Moment of Truth».
18. Martin, *Searching for Home*, pág. 27.
19. Rodonaia, citado en Berman, *The Journey Home*, pág. 34.
20. Umipeg, citado en Ring y Cooper, *Mindsight*.
21. Andréason, «Near-Death Experience».
22. Dennis, *Pattern*, pág. 40.
23. Alexander, *Proof of Heaven*, 130.
24. Brodsky, citado en Ring y Valarino, *Lessons from the Light*, pág. 299.
25. Benedic, citado en Bailey, Worth y Yates, *Near-Death Experience*, pág. 49.
26. Yogananda, *Second Coming of Christ*.
27. Ivankovic-Mijatovic, citado en Livio, «Description of Heaven».

Capítulo 3

1. Pagels, *Cosmic Code*, pág. 13.

Capítulo 4

1. Wigner, citado en BenDaniel, *On Wigner's Suggestion*, pág. 1.
2. Encontré esta cita de Heinrich Hertz en muchos prestigiosos artículos pero nunca pude conseguir la fuente original. Si la conoces, te agradecería que lo comunicaras al editor que aparece en la página del *copyright* de este libro.

3. Dirac, «Picture of Nature».

4. Carroll, «Kos Science Panel».

5. Milonni, *Quantum Vacuum*.

6. Yukteswar, citado en Yogananda, *Autobiography of a Yogi*, pág. 263.

7. Spurgin, *Insights into the Afterlife*.

8. Yukteswar, citado en Yogananda, *Autobiography of a Yogi*, pág. 260.

9. Rodonaia, citado en Berman, *The Journey Home*, pág. 35.

10. Jung, *Memories, Dreams, Reflections*, pág. 295.

11. Andréason, www.near-death.com/andreason.html.

12. Yogananda, *Autobiography of a Yogi*, pág. 4.

Capítulo 5

1. Swedenborg y Dole, *Heaven and Hell*, pág. 57.

2. Yukteswar, citado en Yogananda, *Autobiography of a Yogi*, pág. 260.

3. Yogananda, «Astral World».

4. Eadie y Taylor, *Embraced by the Light*, págs. 47-48.

5. Metaxas, «Case for God», pág. 25.

6. Feynman, *Probability & Uncertainty*, pág. 129.

7. Einstein, Born y Born, *Born-Einstein Letters*.

8. Juan *et al.*, «Bounding the speed», pág. 614.

9. Matson, «Quantum Teleportation».

10. Bell, «Einstein Podolsky Rosen Paradox», págs. 195-200.

11. Folger, «Quantum Shmantum», págs. 37-43.

12. Bohm y Hiley, «Intuitive Understanding of Nonlocality», págs. 93-109.

13. Bohm, *Implicate Order*, pág. 11.

14. Englert *et al.*, «Surrealistic Bohm Trajectories», págs. 1175-1186.

15. Mahler *et al.*, «Surreal Bohmian Trajectories».

16. Bohm, *Implicate Order*, pág. xv.

17. «Top Cited Articles during 2010 in hep-th», Stanford University, obtenido el 25 de julio de 2013, www.slac.stanford.edu/spires/topcites/2010/eprints/to_hep-th_annual.shtml.

18. Jaggard, «What Is the Universe?».

19. Laszlo y Currivan, *Cosmos*, pág. xiii.

20. Swedenborg, *Heaven and Hell,* pág. 57.

21. Eadie, *Embraced by the light*, págs. 47-48.

22. Yogananda, «The Astral World».

23. Eckhart y Fox, *Meditations with Meister Eckhart*, pág. 24.

24. Swimme, *Hidden Heart of the Cosmos*, pág. 100.

25. Suzuki, *Zen and Japanese culture*, pág. 364.

26. Wiener, *Human Use of Human Beings*, pág. 130.

27. Born, *Restless Universe*, Postscript.

Capítulo 6

1. Yogananda, *Second Coming of Christ*, pág. 10.
2. Linde *et al.*, «Migraine Prophylaxis».
3. Cherkin *et al.*, «Randomized trial», págs. 858-866.
4. Bjordal *et al.*, «Short-term efficacy», pág. 51.
5. Trinh *et al.*, «Lateral epicondyle pain», págs. 1085-1090.
6. Brennen, citado en Dicarlo, «New World View».
7. Besant, *Karma*, secc. 13.
8. Chinmoy, *Jewels of Happiness*, capítulo 1.
9. Chow, «DNA May Not Be Your Destiny».
10. Baltimore, «Our Genome Unveiled», págs. 814-816.
11. Lipton, *Biology of Belief*, págs. 33-34.
12. Lalande, «Parental Imprinting», págs. 173-195.
13. Ornish *et al.*, «Changes in Prostate Gene», págs. 8369-8374.
14. Rönn *et al.*, «Six Months Exercise Intervention».
15. Engel *et al.*, «Evidence for Wavelike Energy», págs. 782-786.
16. Ho *et al.*, «Organisms as Polyphasic Liquid Crystals», págs. 81-91.
17. Lipton, *Biology of Belief*, págs. 46-47.
18. Cabral, «Oscillatory dynamics», págs. 402-415.
19. Fraccia *et al.*, «Abiotic ligation of DNA».
20. Ho, *Bioenergetics and Biocommunication*.
21. Yukteswar, citado en Yogananda, *Autobiography of a Yogi*, pág. 76.
22. Carrel, *Man, the Unkown*.
23. Hebb, *Textbook of Psychology*.
24. Coons, «Psychophysiologic Aspects».
25. Pagels, *Cosmic Code*, pág. 13.
26. Atwater, *Beyond the Light*, pág. 182.
27. Williams, «Near-Death Experience».
28. Dennis, *Pattern*, pág. 29.

Capítulo 7

1. Luparello *et al.*, «Influences of Suggestion», págs. 819-829.
2. Fielding, «An interim report», págs. 390-399.
3. Moseley *et al.*, «Controlled trial of arthroscopic surgery», págs. 81-88.
4. Radin, *Entangled minds*, pág. 129.
5. Ibíd., pág. 149.
6. Wiseman, citado en Oenman, «Could there be proof?».
7. Schlosshauer *et al.*, «Foundational Attitudes».

8. Goswami, *Self-Aware Universe*, pág. 60.

9. Wigner *et al.*, *Philosophical Reflections and Syntheses*, pág. 14.

10. Schrödinger, *Mind and Matter*.

11. Davies, *Other Worlds*, pág. 126.

12. Bohm, *Implicate Order*, pág. 3

13. Einstein, Dyson y Calaprice, *New Quotable Einstein*, pág. 206.

14. Heisenberg, *Physics and philosophy*, pág. 154.

15. Dossey, *Science of Premonitions*, pág. 191.

16. *Observer*, 25 enero 1931.

17. Jeans, *Mysterious universe*, pág. 137.

18. Kaku, citado en Connolly, «World renown scientist».

19. Russell y Russell, *Universal Law*, preludio.

20. Atwater, *Beyond the light*, pág. 185.

21. Kriyananda y Yogananda, *Bhagavad Gita*, estrofa 30.

22. Jeans, *Mysterious Universe*, pág. 137.

Capítulo 8

1. Linde, citado en Folger, «Quantum Shmantum».

2. Wheeler, citado en Zurek, «Physics of Information», pág. 5.

3. Goswami, *Self-Aware Universe*, pág. 60.

4. Byrom, *Dhammapada*.

5. Yogananda, *Divine Romance*, pág. 31.

6. Yogananda, *Autobiography of a Yogi*, pág. 172.

7. Sasaki y Farkas, *Zen Eye*, pág. 41.

8. Price, *Other Side of Death*, pág. 63.

9. Tennyson y Roberts, *Major Works*, pág. 520.

10. Bucke, *Cosmic Consciousness*, págs. 9-10.

11. Lionel, *Seduction of the Occult Path*.

12. Russell y Russell, *Universal Law*, preludio.

13. Atwater, *Beyond the Light*, pág. 142.

14. Eckhart *et al.*, *Meister Eckhart*, pág. 153.

15. Sivananda, «Cosmic Consciousness».

16. Santa Teresa de Ávila, págs. 412-424.

17. Govinda, *Foundations of Tibetan Mysticism*, pág. 305.

18. Richard, *De Quatuor*, pág. cxcvi.

19. Thomas, *Moral teaching of St. Thomas*, pág. xlvii.

20. Yogananda, *Autobiography of a Yogi*, pág. 93.

21. Linde, citado en Folger, «Quantum Shmantum».

22. Wheeler, citado en Zurek, «Complexity», pág. 5.

23. Goswami, *Self-Aware Universe*, pág. 60.

24. Byrom, *Dhammapada*.

Capítulo 9
1.   Hildebrand, «Das Universum», pág. 10.
2.   Yogananda, *Autobiography of a Yogi*, pág. 171.
3.   Pagels, *The cosmic code*, pág. 13.
4.   Andréason, www.near-death.com/andreason.html.
5.   Yogananda, «The Astral World».
6.   Durr, entrevista en televisión.
7.   Ho, «Quantum Coherence».
8.   Laszlo, *Cosmos*, pág. xiii.
9.   Jeans, *Mysterious Universe*, pág. 137.
10. Ma, citado en Conway, *Women of Power*, pág. 152.
11. Kaku, citado en Connolly, «World renown scientist».
12. Hoyle y Wickramasinghe, *Evolution from Space*, págs. 141, 144, 130.
13. Price, *Other side of death*, pág. 63.
14. Yogananda, *Karma and Reincarnation*.
15. Eadie, *Embraced by the Light*, pág. 61.
16. Augustine y Pusey, «Confessions of St. Augustine», pág. 1.
17. Capra, *Tao of Physics*, pág. 305.
18. Bohr, citado en Heisenberg, *On Modern Physics*.
19. Yukteswar, citado en Yogananda, *Autobiography of a Yogi*, pág. 74.
20. Von Neumann, citado en Macrae, *Scientific Genius*, pág. 379.

BIBLIOGRAFÍA

Alexander, Eben, *Proof of Heaven: A Neurosurgeon's Journey Into the Afterlife*, Nueva York, Simon & Schuster, 2012. (En castellano: *La prueba del cielo: el viaje de un neurocirujano a la vida después de la vida*, Editorial Planeta, S. A.).

Andréason, Christian, *Christian Andréason's Near-Death Experience*, obtenido el 7 de octubre del 2015, www.near-death.com/experiences/notable /christian-andreason.html.

Anthony, Sebastian, «Human consciousness Is Simply a State of Matter, Like Solid or Liquid –but Quantum», *ExtremeTech*, 24 de abril del 2014, www.extremetech.com/extreme/181284-human-consciousness-is-simply-a-state-of-matter-like-a-solid-or-liquid-but-quantum.

Atwater, P. M. H, *Beyond the Light: What Isn't Being Said About Near-Death Experience*, Nueva York, Carol Publishing Group, 1994. (En castellano: *Retorno de la muerte*, Ediciones Martínez Roca).

Augustine y E. B. Pusey, *The Confessions of St. Augustine*, Waiheke Island, Floating Press, 2008.

Bailey, Lee Worth y Jenny L. Yates, *The Near-Death Experience: A Reader*, Nueva York, Routledge, 1996.

Baltimore, David, «Our genome unveiled», *Nature* 409, n.º 6822 (2001), págs. 814-816.

Bell, John, «On the Einstein Podolsky Rosen Paradox», *Physics* 1, n.º 3 (1964), págs. 195-200.

BenDaniel, David J., *On Wigner's Suggestion of the Unreasonable Effectiveness of Mathematics in the Natural Sciences*, Ithaca, NY, Cornell University, Johnson Graduate School of Management, 1993.

Berman, Phillip L., *The Journey Home: What Near-Death Experiences and Mysticism Teach Us About the Gift of Life*, Nueva York, Pocket Books, 1996.

Besant, Annie, *Karma*, Los Ángeles, Theosophical Publishing House, 1918.

Bjordal, J. M., M. I. Johnson, R. A. Lopes-Martins, B. Bogen, R. Chow y A. E. Ljunggren, «Short-term efficacy of physical interventions in osteoarthritic knee pain. A systematic review and meta-analysis of randomized placebo-controlled trials», *BMC Musculoskelet Disord* 22, n.º 8 (2007), pág. 51.

Blofeld, John, *The Zen Teaching of Huang Po on the Transmission of Mind*, 1958.

Bohm, D. J. y B. J. Hiley, «On the intuitive understanding of nonlocality as implied by quantum theory», *Foundations of Physics: An International Journal Devoted to the Conceptual Bases and Fundamental Theories of Modern Physics, Biophysics and Cosmology* 5, n.º 1 (1975), págs. 93-109.

Bohm, David, *Wholeness and the Implicate Order*, Londres, Routledge & Kegan Paul, 1980. (En castellano: *La totalidad y el orden implicado*, Editorial Kairós, S. A.).

Born, Max, *The Restless Universe*, Nueva York, Dover Publications, 1951.

Brennan, Barbara, *Conversations Toward a new World View: Exploring the Human Energy System Interview with Barbara Brennan PhD*, s.f., www.healthy.net/scr/Interview.aspx?Id=165.

Bucke, Richard Maurice, *Cosmic Consciousness: A Study in the Evolution of the Human Mind*, Nueva York, Dutton, 1969.

Bush, George, Phan Luu y Michael I. Posner, «Cognitive and emotional influences in anterior cingulate cortex», *Trends in Cognitive Sciences* 4, n.º 6 (2000), págs. 215-222.

Byrom, Thomas, *Dhammapada: The Sayings of the Buddha*, Berkeley, Calif., Shambala Pub, 1993.

Cabral *et al.*, «Oscillatory dynamics and place field maps reflect sequence and place memory processing in hippocampal ensembles under NMDA receptor control», *Neuron* 81, n.º 2 (2014), págs. 402-415.

Capra, Fritjof, *The Tao of Physics: An Exploration of the Parallels Between Modern Physics and Eastern Mysticism*, Berkeley, Calif., Shambhala, 1975. (En castellano: *El tao de la física: una exploración de los paralelismos entre la física moderna y el misticismo oriental*, Luis Cárcamo, Editor).

——— *The Turning Point: Science, Society, and the Rising Culture*, Nueva York, Simon and Schuster, 1982. (En castellano: *El punto crucial: ciencia, sociedad y cultura naciente*, RBA Libros).

Carrel, Alexis, *Man, the Unkown*, Londres, Hamish Hamilton, 1942.

Carroll, Sean, «Yearly Kos Science Panel», California Institute of Technology, parte 1, 2006.

Cherkin, D. C., K. J. Sherman, A. L. Avins, J. H. Erro, L. Ichikawa, W. E. Barlow, K. Delaney, R. Hawkes, L. Hamilton, A. Pressman, P. S. Khalsa y R. A. Deyo, «A randomized trial comparing acupuncture, simulated acupuncture, and usual care for chronic low back pain», *Arch Intern Med* 11, n.º 169 (2009), págs. 858-866.

Chiesa, A. *et al.*, «A systematic review of neurobiological and clinical features of mindfulness meditations», *Psychological Medicine,* 40, n.º 40 (s.f.), págs. 1239-1252.

Chinmoy, Sri, *The Jewels of Happiness*, Londres, Watkins Publishing, 2010.

Chow, Denise, «Why Your DNA May Not Be Your Destiny», *LiveScience*, 4 de junio del 2015, obtenido el 10 de noviembre del 2015, www.livescience.com/37135-dna-epigenetics-disease-research.html.

Connolly, Marshall, «World renown scientist says he has found proof of God! We may be living the the "Matrix"», *Catholic Online*, 8 de junio del 2016, obtenido el 10 de julio del 2016, http://www.catholic.org/news/technology/story.php?id=69335.

Conway, Timothy, *Women of Power and Grace: Nine Astonishing, Inspiring Luminaries of Our Time*, Santa Bárbara, Calif., Wake Up Press, 1994.

Coons, Philip M., «Psychophysiologic Aspects of Multiple Personality Disorder, A Review. Dissociation», *Ridgeview Institute and the International Society for the Study of Multiple Personality & Dissociation* 1, n.º 1 (s.f.), págs. 47-53.

Davies, P. C. W., *Other Worlds: A Portrait of Nature in Rebellion, Space, Superspace, and the Quantum Universe*, Nueva York, Simon and Schuster, 1980. (En castellano: *Otros mundos*, Salvat Editores, S. A.).

Dennis, Lynnclaire, *The Pattern*, Lower Lake, Calif., Integral Publishing, 1997.

Dicarlo, Russell, «Conversations Toward a New World View: Exploring the Human Energy System», healthy.net (s.f.) www.healthy.net/scr/Interview.aspx?Id=165.

Dirac, P. A. M., «The Evolution of the Physicist's Picture of Nature», *Scientific American* 208, n.º 5 (1963), págs. 45-53.

Docety J., *et al.*, «The Functional Architecture of Human Empathy», *Behavioral and Cognitive Neuroscience Reviews* 3, n.º 2 (2004), págs. 71-100.

Dossey, Larry, *The Science of Premonitions: How Knowing the Future Can Help Us Avoid Danger, Maximize Opportunities, and Create a Better Life*, Nueva York, Plume, 2010.

Dunne, Robert, G. Jahn y Brenda J., *Margins of Reality: The Role of Consciousness*, Orlando, Florida, Harcourt Brace & Company, 1987. (En castellano: *El poder de las premoniciones: conocer el futuro puede cambiar nuestra vida*, Milenio Publicaciones, S. L.).

Durr, Hans-Peter, «Television Interview», *PM Magazine,* mayo de 2007.

Eadie, Betty J. y Curtis Taylor, *Embraced by the Light*, Placerville, Calif., Gold Leaf Press, 1992.

Easwaran, Eknath, *Original Goodness*, Petaluma, Calif., Nilgiri Press, 1989.

Eckhart y Matthew Fox, *Meditations with Meister Eckhart*, Santa Fe, N. M., Bear & Co., 1983.

Eckhart, Meister, C. de B. Evans y Franz Pfeiffer, *Meister Eckhart*, Londres, J. M. Watkins, 1952.

Eddington, Arthur Stanley, *The Nature of the Physical World*, Nueva York, Macmillan Co., 1928.

Einstein, Albert, *The World As I See It*, Nueva York, Philosophical Library, 1949. (En castellano: *Mi visión del mundo*, Tusquets Editores, S. A.).

Einstein, Albert, Freeman Dyson y Alice Calaprice, *The New Quotable Einstein*, Princeton, Princeton University Press, 2005.

Einstein, Albert, Max Born y Hedwig Born, *The Born-Einstein Letters; Correspondence Between Albert Einstein and Max and Hedwig Born from 1916 to 1955*, Nueva York: Walker, 1971. (En castellano: *Albert Einstein-Max Born: cartas, 1916-1955: y algunos aledaños*, S. T. I. Ediciones).

Engel, Gegory *et al.*, «Evidence for wavelike energy transfer through quantum coherence in photosynthetic systems», *Nature* 446 (2007), págs. 782-786.

Englert, Berthold-Georg, Marian O. Scully, Georg Sussmann y Herbert Walther, «Surrealistic Bohm Trajectories», *Zeitschrift Fur Naturforschung A* 47, n.º 12 (1992).

Feynman, Richard P., *Probability & Uncertainty the Quantum Mechanical View of Nature*, Newton, Mass, Education Development Center, 1990.

Fielding, J. W. L., S. L. Fagg, B. G. Jones, D. Ellis, M. S. Hockey, A. Minawa, V. S. Brookes *et al.*, «An interim report of a prospective, randomized, controlled study of adjuvant chemotherapy in operable gastric cancer: British stomach cancer group», *World Journal of Surgery* 7, n.º 3 (1983), págs. 390-399.

Folger, T., «Quantum Shmantum», *Discover* 22 (2001), págs. 37-43.

—— «Does the Universe Exist if We're Not Looking?», *Discover*, obtenido el 16 de mayo de 2016, http://discovermagazine.com/2002/jun/featuniverse.

Fraccia, Tommaso P. *et al.*, «Abiotic ligation of DNA oligomers template by their liquid crystal ordering», *Nature Communications* 6, artículo 6424 (2015).

Francis, Matthew R., «Quantum and Consciousness Often Mean Nonsense», *Slate*, 29 de mayo del 2014, www.slate.com/articles/health_and_science/science/2014/05/quantum_consciousness_physics_and_neuroscience_do_not_explain_one_another.html.

Gallup, George y William Proctor, *Adventures in Inmortality*, Nueva York, McGraw-Hill, 1982.

Goswami, Amit, *The Self-Aware Universe*, Nueva York, Putnam's Sons, 1993.

Govinda, Anagarika, *Foundations of Tibetan Mysticism: According to the Esoteric Teachings of the Great Mantra, Om Mani Padme Humm*, York Beach, Maine, Samuel Weiser, Inc., 1969. (En castellano: *Fundamentos de la mística tibetana*, Eyras, S. A.).

Hawking, Stephen y Leonard Mlodinow, *The Grand Design*, Nueva York, Bantam Books, 2010. (En castellano: *El gran diseño*, Club Círculo de Lectores).

Hebb, D. O., *A Textbook of Psychology*, Filadelfia, Saunders, 1966. (En castellano: *Psicología*, Editora Importécnica, S. A.).

Heisenberg, Werner, *On Modern Physics*, Nueva York, C.N. Potter, 1961.

—— *Physics and Philosophy: The Revolution in Modern Science*, Nueva York, Harper, 1958.

Herbert, Nick, *Quantum Reality: Beyond the New Physics*, Garden City, NY, Anchor Press/Doubleday, 1985.

Hildebrand, Ulrich, «Das Universumû —Hinweis auf Gott?», *Ethos. Die Zeitschrift für die ganze Familie*, 10 (1988).

Ho, Mae-Wan, *Bioenergetics and Biocommunication*, 1996, obtenido en noviembre del 2015, www.ratical.org/co-globalize/MaeWanHo/biocom95.html.

Ho, Mae-Wan, «Quantum Coherence and Conscious Experience», 1997, *Institute of Science in Society*, https://ratical.org/co-globalize/MaeWanHo/brainde.html.

Ho, Mae-Wan *et al.*, «Organisms as polyphasic liquid crystals», *Bioelectrochemistry and Bioenergetics* 41, n.º 1 (1996), págs. 81-91.

Hoyle, Fred y N. Chandra Wickramasinghe, *Evolution from Space*, Londres, J. M. Dent & Sons, 1981.

Huangbo y Xiu Pei, *The Zen Teaching of Huang Po on the Transmission of Mind; Being the Teaching of the Zen Master Huang Po as Recorded by the Scholar P'ei Hsiu of the T'ang Dynasty*, Nueva York, Grove Press, 1959.

Jaggard, Victoria, «What Is the Universe? Real Physics Has Some Mind-Bending Answers», *Smithsonian.com*, 2014, www.smithsonianmag.com/science/what-universe-real-physics-has-some-mind-bending-answers-180952699/?no-ist.

Jahn, Robert G. y Brenda J. Dunne, *On the quantum mechanics of consciousness, with application to anomalous phenomena*, Princeton, NJ, Princeton Engineering Anomalies Research Laboratory, School of Engineering/Applied Science, Princeton University, 1984.

Jalāl al-Dîn Rûmî y Coleman Barks, *The Essential Rumi*, San Francisco, Harper, 1995.

Jalāl al-Dîn Rûmî y Shahram Shiva, *Hush, Don't Say Anything to God: Passionate Poems of Rumi*, Fremont, Calif., Jain Publishing, 2000.

Jeans, James, *The Mysterious Universe*, Nueva York, The Macmillan Company, 1932.

Juan Yin *et al.*, «Bounding the speed of "spooky action at a distance"», *Phys. Rev. Lett.* 110, 260407 1303: 614. arXiv:1303.0614. Bibcode:2013arXiv1303.0614Y. 2013.

Jung, C. G., *Memories, Dreams, Reflections*, Nueva York, Pantheon Books, 1963. (En castellano: *Recuerdos, sueños, pensamientos*, Editorial Seix Barral).

Kothari L. K., A. Bardia y O. P. Gupta, «The yogic claim of voluntary control over the heart beat: an unusual demonstration», *American Heart Journal* 86, n.º 2 (1973), págs. 282-284.

Kriyananda y Yogananda, *The Essence of the Bhagavad Gita*, Nevada City, Calif., Crystal Clarity Publishers, 2006.

Lalande, M., «Parental imprinting and human disease», *Annual Review of Genetics* 30 (1996), págs. 173-195.

Laszlo, Ervin y Jude Currivan, *Cosmos: A Co-creator's Guide to the Whole-World*, ReadHowYouWant, 2013.

Linde, K., G. Allais, B. Brinkhaus, E. Manheimer, A. Vickers y A. R. White, «Acupuncture for migraine prophylaxis», *Cochrane Database Syst Rev* 21, n.º 1 (2009), CD001218.

Lionel, Frédéric, *The Seduction of the Occult Path: Encounters on the Road to Inner Transformation*, Wellingborough, Turnstone, 1983.

Lipton, Bruce H., *The Biology of Belief*, Carlsbad, Calif., Hay House, Kindle Edition, 2008. (En castellano: *La biología de la creencia: la liberación del poder de la conciencia, la materia y los milagros*, Gaia Ediciones).

Livio, Fr., *Description of heaven*, s.f., www.medjugorje.com/medjugorje/heaven-purgatory-hell/613-description-of-heaven.html.

Luparello, T., H. A. Lyons, E. R. Bleecker *et al.*, «Influences of Suggestion on Airway Reactivity in Asthmatic Subjects», *Psychosomatic Medicine* 30, n.º 6 (1968), págs. 819-829.

Lutz, A. *et al.*, «Regulation of the Neural Circuitry of Emotion by Compassion Meditation: Effects of Meditative Expertise», s.f., *PLoS ONE* 3 (3) e1897.

Mahler, D. H., L. Rozema, K. Fisher, L. Vermeyden, K. J. Resch, H. M. Wiseman y A. Steinberg, «Experimental nonlocal and surreal Bohmian trajectories», *Science Advances* 2, n.º 2 (2016): e1501466.

Martin, Laurelynn G., *Searching for Home: A Personal Journey of Transformation and Healing After a Near-Death Experience*, Saint Joseph, Mich., Cosmic Concepts, 1996.

Matson, John, «Quantum teleportation achieved over record distances», *Nature* (2012).

Machado, C. y Shewmon, *Brain Death and Disorders of Consciousness*, Nueva York, Kluwer Academic/Plenum Publishers, 2004.

Metaxas, Eric, «Science Increasingly Makes the Case for God», *Wall Street Journal Opinion*, 25 de diciembre del 2014.

Milonni, Peter W., *The Quantum Vacuum: An Introduction to Quantum Electrodynamics*, Boston, Academic Press, 1994.

Moseley, J. B., K. O'Malley, N. J. Petersen, T. J. Menke, B. A. Brody, D. H. Kuykendall, J. C. Hollingsworth, C. M. Ashton y N. P. Wray, «A controlled trial of arthroscopic surgery for osteoarthritis of the knee», *The New England Journal of Medicine* 347, n.º 2 (2002), págs. 81-88.

Mumford, Michael D., Andrew H. Rose, David A. Goshin y American Institutes for Research, *An Evaluation of Remote Viewing: Research and Applications*, Palo Alto, Calif., American Institutes for Research, 1995.

Newberg, Andrew B., Eugene G. D'Aquili y Vince Rause, *Why God Won't Go Away: Brain Science and the Biology of Belief*, Nueva York, Ballantine Books, 2001.

Oenman, Danny, *Could there be proof to the theory that we're ALL psychic?*, 28 de enero de 2008, obtenido el 21 enero del 2016, www.dailymail.co.uk/news/article-510762/Could-proof-theory-ALL-psychic.html#ixzz3jSzcXws7.

Ornish, D., M. J. Magbanua, G. Weidner *et al.*, «Changes in Prostate Gene Expression in Men Undergoing an Intensive Nutrition and Lifestyle Intervention», *Proceedings of the National Academy of Sciences* 105, n.º 24 (2008), págs. 8369-8374.

Pagels, Heinz R., *The Cosmic Code: Quantum Physics as the Language of Nature*, Nueva York, Simon and Schuster, 1982.

Peng C. K., I. C. Henry, J. E. Mietus, J. M. Hausdorff, G. Khalsa, H. Benson y A. L. Goldberger, «Heart rate dynamics during three forms of meditation», *International Journal of Cardiology* 95, n.º 1 (2004), págs. 19-27.

Pew, «Religion and Science in the United States: Scientists and Belief», *OewResearchCenter*, 5 de noviembre de 2009, obtenido el 7 de octubre del 2015, www.pewforum.org/2009/11/05/scientists-and-belief/.

Phillips, Stephen M., *Extra-sensory Perception of Quarks*, Madras, India, Theosophical Publishing House, 1980.

Price, Jan, *The Other Side of Death*, Nueva York, Fawcett Columbine, 1996.

Radin, Dean I., *Entangled Minds: Extrasensory Experiences in a Quantum Reality*, Nueva York, Paraview Pocket Books, 2006.

Richard of St Victor, *De Quatuor Gradibus Violentae Charitatis*, s.f.

Ring, Kenneth y Evelyn Elsaesser Valarino, *Lessons From the Light: What We Can Learn from the Near-Death Experience*, Nueva York, Insight Books, 1998.

Ring, Kenneth y Sharon Cooper, *Mindsight: Near-Death and Out-of-Body Experiences in the Blind*, Palo Alto, Calif., William James Center for Consciousness Studies, 1999.

Rönn, T., P. Volkov, C. Davegårdh et al, «A Six Months Exercise Intervention Influences the Genome-Wide DNA Methylation Pattern in Human Adipose Tissue», *PLOS Genetics* 9, n.º 6 (2013), e1003572.

Russell, Walter y Lao Russell, *Universal Law, Natural Science and Philosophy*, Waynesboro, Va., The Walter Russell Foundation, 1950.

Sasaki, Shigetsu y Mary Farkas, *The Zen Eye: A Collection of Zen Talks by Sokeian*, Tokio, Weatherhill, 1993.

Schlosshauer, Maximilian, Johannes Kofler y Anton Zeilinger, «A snapshot of foundational attitudes toward quantum mechanics», *Studies in History and Philosophy of Modern Physics* 44, n.º 3 (2013), págs. 222-230.

Schrödinger, Erwin, *Mind and Matter*, Cambridge, Reino Unido, University Press, 1958. (En castellano: *Mente y materia*, Tusquets Editores, S. A.).

Sharp, Kimberly Clark, *After the Light: What I Discovered on the Other Side of Life That Can Change Your World*, Nueva York, William Morrow and Co, 1995.

Shepard, K. R. y B. G. Braun, «Visual changes in multiple personality», *Proceedings of the second international conference on multiple personality/ dissociative states*, Chicago, Rush-Presbyterian-St Luke's Medical Center, 1985, pág. 85.

Sivananda, Swami, «Cosmic Consciousness», *The Divine Life Society*, s.f. www.sivanandaonline.org/public_html/?cmd=displaysection§ion_id=1727.

———— *How to Find Peace of Mind*, obtenido el 7 de octubre del 2015, www.sivanandaonline.org/public_html/?cmd=displaysection§ion_id=848.

Smith, Jayne, «Moment of Truth: A Window On Life After Death», transcripción de vídeo, Starpath Productions, 1987.

Spink, Kathryn, *Mother Teresa: A Complete Authorized Biography*, San Francisco, HarperSanFrancisco, 1997. (En castellano: *Madre Teresa*, Plaza & Janés).

Spurgin, Nora M., *Insights into the Afterlife: 30 Questions on What to Expect*, Nueva York, Womans Federation of World Peace, 1994.

Steiner, Rudolf y Christopher Bamford, *How to Know Higher Worlds: A Modern Path of Initiation*, Hudson, NY, Anthroposophic Press, 1994. (En castellano: *Cómo conocer los mundos superiores*, Editorial Rudolf Steiner, S. L.).

St. Teresa of Avila, *Interior Castle*, Grand Rapids, Mich., Christian Classics Ethereal Library, 1990. (En castellano: *Castillo interior o Las moradas*, Aguilar).

Suzuki, Daisetz Teitaro, *Zen and Japanese Culture*, Nueva York, Pantheon Books, 1959. (En castellano: *El zen y la cultura japonesa*, RBA Coleccionables).

Swedenborg, Emanuel y George F. Dole, *Heaven and Hell*, Nueva York, Swedenborg Foundation, 1984. (En castellano: *Cielo e infierno*, Grupo Unido de Proyectos y Operaciones, S. A.).

Swimme, Brian, *The Hidden Heart of the Cosmos*, Nueva York, Orbis Books, 1996.

TED, Staff, «The debate about Graham Hancock's talk», *TEDBlog*, 19 de marzo del 2013, obtenido el 7 de octubre del 2015, http://blog.ted.com/the-debate-about-graham-hancocks-talk/.

Tegmark, Max, «Consciousness as a State of Matter», *Cornell University Library*, arXiv.org/quant-ph/arXiv, 2014. DOI: 1401.1219.

Tennyson, Alfred Tennyson y Adam Roberts, *The Major Works*, Oxford, Oxford University Press, 2009.

Thomas y Joseph Rickaby, *Aquinas ethicus, or The moral teaching of St. Thomas. A Translation of the Principle Portions of the Second Part of the «Summa theological», With Notes*, Londres, Burns and Oates, 1896.

Trinh, K. V., S. D. Phillips, Ho E. y K. Damsma, «Acupuncture for the alleviation of lateral epicondyle pain: a systematic review», *Rheumatology* 43, n.º 9 (2004), págs. 1085-1090.

Tsu, Lao, *Tao Te Ching*, trad. Gia-Fu Feng y Jane English, Nueva York, Vintage Books, 1972. (En castellano: *Tao te king*, Ediciones 29).

Van Lommel, P., R. van Wees, V. Meyers e I. Elfferich, «Near-death experience in survivors of cardiac arrest: a prospective study in the Netherlands», *Lancet* 358, n.º 9298 (2001), págs. 2039-2045.

Wiener, Norbert, *The Human Use of Human Beings*, Nueva York, Avon Books, 1954.

Wigner, Eugene Paul, Jagdish Mehra y A. S. Wightman, *Philosophical Reflections and Syntheses*, Berlín, Springer, 1995.

Williams, Kevin, *Heaven and the near-Death Experience*, s.f., obtenido el 11 de noviembre del 2015, www.near-death.com/science/research/heaven.html.

Wolf, Fred Alan, *Taking the Quantum Leap: The New Physics for Nonscientists*, San Francisco: Harper & Row, 1981.

Yin, Juan *et al.*, «Bounding the speed of spooky action at a distance», *Physical Review Letters* 260407, n.º 1303 (2013), pág. 614.

Yogananda, *Self-Realization Magazine*, primavera/verano del 2010.

—— *Karma and Reincarnation*, Nevada City, Calif., Crystal Clarity Publishers, 2006.

—— «The Astral World», *Self-Realization Magazine*, primavera/verano del 2010.

—— *The Divine Romance*, Los Ángeles, Self-Realization Fellowship, 1986.

——*The Second Coming of Christ: The Resurrection of the Christ Within You: A Revelatory Commentary on the Original Teachings of Jesus*, Los Ángeles, Self-Realization Fellowship, 2004.

Yogananda y J. Donald Walters, *The Essence of Self-Realization: The Wisdom of Paramhansa Yogananda*, Nevada City, Calif., Crystal Clarity, 1990. (En castellano: *La esencia de la autorrealización: la sabiduría de Paramhansa Yogananda*, Ediciones Oniro, S. A.).

Yogananda, Paramhansa, *Autobiography of a Yogi*. Nevada City, Calif., Crystal Clarity, 1946. (En castellano: *Autobiografía de un yogui,* Self-Realization Fellowship).

Zurek, Wojciech Hubert, «Complexity, entropy, and the physics of information: the proceedings of the 1988 Workshop on Complexity, Entropy, and the Physics of Information», *Workshop on Complexity, Entropy, and the Physics of Information*, Santa Fe, NM, Addison-Wesley Publishing Company, 1990.

ÍNDICE TEMÁTICO

186, 187, 188, 189, 199, 202, 210, 211, 216
Orden implicado 40, 115, 116, 119, 120, 187, 228

P

Paradoja del observador inteligente 35, 105, 106, 165, 171, 173, 210, 211
Paranormal 165, 215
Paz 18, 45, 49, 54, 56, 60, 61, 129, 130
Pensamiento místico 41
Percepción sensorial 56, 67, 216
Personas que han vivido experiencias cercanas a la muerte 7, 81, 93, 95, 97, 99, 101, 119, 126, 155, 181, 198, 214, 217, 219
Phillips, Steven M. 20, 221, 234, 235
Planck, Max 35, 87, 179, 198, 209, 211
Plantilla holográfica 122, 126, 141
Platón 18
Poder del pensamiento 215
Podolsky 109, 111, 223, 227
Polarización 14, 109
Popp, Fritz-Albert 144
Potencial 170, 192, 193
Prana 129, 130
Pranayama 130
Preespacio no local 114, 116, 119
Price, Jan 192, 214, 225, 226, 234
Principio de incertidumbre de Heisenberg 106, 108
Procariotas 143
Procesos corporales 131
Proctor, William 57, 222, 231
Propiedades ocultas 107, 108, 110, 114, 115, 116, 122, 187, 188
Proyecciones holográficas 116, 118, 178, 199
Proyecto
    Genoma Humano 135, 136
    Manhattan 40, 113
Pseudociencia 164
Punto cero, energía de 83

Q

Quarks 20, 73, 74, 76
Quietud 45, 46, 47, 48, 49, 50, 56, 64, 65, 123, 129, 194, 195, 199, 200
    disciplinada 48
    física 48, 50, 65
    mental 50
    profunda 47, 48, 49

R

Radin, Dean 162, 224, 234
Rareza cuántica 105, 107, 112, 113
Realidades trascendentes 7, 30, 47
Relatividad 21, 72, 82, 83, 84, 85, 86, 87, 88, 89, 91, 98, 99, 109, 111, 210
Religión de la ciencia 11, 23, 29, 219
Resistencia 77, 211
Ribosomas 133

S

Salud 127, 132, 158, 160, 199
Satyamurti, yogui 49
Selección natural 14
Sesgos 164
Sharp, Kimberly Clark 58, 222, 234
Sheldrake, Rupert 28
Sijismo 67, 204
Sistema límbico 54, 55
Stenger, Victor 29, 42
Susskind, Leonard 117, 118
Sustrato 40, 91, 92, 95, 97, 99, 205, 206
Swedenborg, Emanuel 101, 120, 223, 235

T

Técnicas de respiración 129, 130
Tegmark, Max 25, 221, 235
Telepatía 161, 165
Telequinesia 27, 79, 161, 165
Teoría
    cuántica 75, 81, 85, 87, 88, 112, 113, 175
    cuántica de campos 75
    de cuerdas 16, 21, 81, 84, 85, 87, 88, 91, 92, 97, 117, 119, 120, 130, 145, 157, 178, 198, 205, 208
    de la relatividad 87, 109, 111, 210
    especial de la relatividad 72
    holográfica de cuerdas 119
    M 5, 88, 89, 91, 98, 205, 206
Tomás de Aquino, santo 18
Transferencia de energía de resonancia 141, 144
Tránsito a la luz 61
Trascendencia 5, 56, 199, 213, 217
Trastorno de personalidad múltiple 37, 39, 148, 159, 184, 205, 215

SOBRE EL AUTOR

Joseph Selbie hace sencillo y claro lo complejo y oscuro. Meditador entregado desde hace más de cuarenta años, ha enseñado yoga y meditación por todo Estados Unidos y Europa. También ha sido y es un ávido seguidor del nuevo paradigma de la ciencia, un tema que abarrota los estantes de las librerías, y es conocido por tender puentes de comprensión entre los modernos descubrimientos basados en pruebas de la ciencia y los antiguos descubrimientos basados en la experiencia de los místicos.

Selbie mantiene varios blogs, incluido *Intersection*, que analiza la conexión de la espiritualidad con la cultura y la ciencia. Es autor de *The Yugas*, un libro factual que contempla la tradición de historia cíclica de la India, y de la serie de ciencia ficción *Protectors Diaries*, inspirada en las capacidades de los místicos.

Selbie es miembro fundador de Ananda, una comunidad y un movimiento espiritual basados en la meditación inspirados en Paramhansa Yogananda. Reside con su esposa en Ananda Village, cerca de Nevada City, en California.

Se puede visitar su web en www.physicsandgod.com.